真诚

ZHEN CHENG

陈旭龙○著

UNITY PRESS 团结出版社

图书在版编目（CIP）数据

真诚 / 陈旭龙著. -- 北京 : 团结出版社, 2019.12
ISBN 978-7-5126-7331-1

Ⅰ. ①真… Ⅱ. ①陈… Ⅲ. ①成功心理—青年读物
Ⅳ. ①B848.4-49

中国版本图书馆CIP数据核字(2019)第192647号

出　版：团结出版社
（北京市东城区东皇城根南街84号 邮编：100006）
电　话：（010）65228880 65244790
网　址：http://www.tjpress.com
E-mail：zb65244790@vip.163.com
经　销：全国新华书店
印　刷：河北盛世彩捷印刷有限公司
装　订：河北盛世彩捷印刷有限公司

开　本：145mm × 210mm　32开
印　张：6.25
字　数：120千字
版　次：2019年12月　第1版
印　次：2019年12月　第1次印刷

书　号：978-7-5126-7331-1
定　价：45.00元

序　言

真诚就是真实、勇敢、独立、忠诚的自我！

我的人生主要经历了三个阶段，从真实到不真实，再到真实。

我不知道这个社会有多少人是真实的？或者多少人是不真实的？真实和不真实的比例是多少？但就我的经历而言，真实和不真实是分阶段的，而且两者之间是相互转化的，所以真实和不真实的比例也是动态的。

小时候的我是真实的、天真的和纯洁的。我生活在贵州群山环聚的小盆地里，那里的人大多过着与世无争的世外桃源生活。童年时，寨子里面有很多小朋友，我是所有小朋友的年龄和个性上的大哥，所以每天的任务除了吃饭睡觉以外，就是带领一群小朋友玩遍寨子的每家院子，小山坡的每个位置，小河沟的每块岩石，躲猫猫，打羽毛球，听广播，玩泥团。

然而，再稍微大了一点，我就去学校读书了，放学回家后没有那么多玩的机会，因为还要协助家人做一些辅助家务劳动。那个阶段的自己，由于处在真实的、稳定的社会环境，同时，我的家境与寨子里的其他家庭相比还算不错，所以没有催生出不真实的种子。

长大一点读到5年级的时候，开始明白自己是家族的长子长孙，自己不光在行为上而且在成绩上也要给弟弟妹妹树立一个榜样和标杆，所以很多时候精力都放在了学习上，要力争和保住全班、全校、全镇第一名的位置。因此，这个时期的我，内心是真实无暇的。

到了初中之后，由于家中在街上建楼房，经济条件下降，但这种变化并没有让我自卑，只是让我更懂得生活的不容易，所以我提早成熟了，懂得处处都应该为父母省钱。我吃穿都非常节俭，放弃了与同学间的玩乐，把所有的点滴时间都一门心思地用在了学习上，唯一的念想就是自己一定要有第一、第二名的学习成绩，要考上好大学，改变经济条件，改变命运。那时的我，虽然经济条件不好，但成绩好，内心比较单一，所以依然是真实的。

到了上海上大学后，刚开始是冲动与喜悦，因为自己通过多年的拼命学习终于成功进入名校了。可是我很快就发现了自己的差距，跟我一样的人有很多，比我优秀的人更不少。但是我的内心是倔强的，我积极勤工助学做家教，积极参加各种社团活动，积极跑图书馆，认真学习，去拿奖学金。

然而，上海消费的差距和与同学间的经济差距，以及到了大学接触更多信息与看到更多的东西后，我的内心开始有那么一点点自卑了。我身上寄托的是父母的希望和家族的荣耀，可是我在这里，与现实的差距是巨大的。于是，我更疯狂地勤工俭学，学习和参加社团活动。为了不给家人增添负担，我对他们谎报军情，说在上海一切都好。那一刻起，我开始变了，变得开始不那么真实了。

大四开学的时候，很快我就拿到4家外资世界500强企业的offer，一下子我就超越了我很多经济条件比我好的同学——他们找工作不那么容易，还有一些甚至很难找到工作。这让我感觉多年的努力辛苦一下子得到了回报，一下子扫掉了我大学这些年来心里堆积的灰暗。我开始恢复阳光与自信，甚至有些自我膨胀和狂妄了，开始有些不真实了。

工作后，稳定的工作环境、可观的薪水，让我的意识继续膨胀。小成就让我觉得只要努力，就可以得到自己想要的一切；让我觉得自己精力充沛和能力强大，对于个别领导的脾气和言语，我开始不爽了，认为自己的能力比领导强多了。很快，工作一年多时间后，我就辞职去创业了。这时候的我，高估了自己的能力，已经不真实了。

2009年7月，我辞去了通用汽车的工作选择创业，怀着很高的热情，投入到主要从事家居智能化的项目中去，但是第一次创业很快就失败了。失败的原因主要在于资金链断裂。

公司宣布破产时，我手上已经没有钱了，我用信用卡透支，结清了所有员工的工资，不足一个月的部分也按一个月工资给他们进行了结算。付完工资的第二天，我吃饭的钱都没有了，饿了一天的肚子。

失败对我没有打击，可是失败之后的负债和经济压力，对我的打击是巨大的。内心深处，我无法接受这样的失败，我无比的倔强，觉得创业失败使我无颜面对以前工作的同事，无颜面对老家的父老亲戚。于是我强撑着伪装自己，低价买贴牌Hugo Boss的风衣；我不愿意回去上班，我要继续创业，我要证明自己；我不愿意承认自己错了，不愿意承认自己创业失败了。这个时候的我，已经不真实了。

在这个不真实的时期的我是痛苦的、自闭的。尽管现实是困难的、内心是煎熬的，可是我不能向人诉说和寻求丝毫的帮助，那样会让我无地自容。我的内心仍然认为自己是成功者，自己不能低头。同时由于现实与很多人有差距，我不愿意跟很多朋友沟通交流，所以我的伪装、我的不真实开始导致了我走向自我封闭，而孤独和痛苦。

创业路上，无数的挫折，无数的煎熬，一点点如同抽丝剥茧般的让我痛苦的死去活来，也一点点改变了我自己，一点点接受那个走上创业路上跌了跟头的我。

我真实地反省自己，作为一个企业家最重要的获取订单，我很快又创立了我的第二家公司，一家专注于国际贸易的公司。我真实地反省自己，独立地处理各种事务，勇敢地面对各种问题与挑战，忠诚于自己的内心与事业，从而使我的境遇渐渐好了起来，我开始一点点如同小雨滴汇聚一样的小心翼翼的开始积累经验和财富。我开始慢慢打开自己，慢慢接受真实的自己，不再害怕去和人讲述自己的创业故事，不再害怕去告诉别人自己真实的想法。

就这样一点点，阳光如春雨般地滴落在我的身上，当穿过人群时，我能真实地感觉到自己的存在。存在的感觉真好，慢慢地我开始感觉到自己真实的力量，不再有痛苦，不再有纠结，不再有迷茫。真实是最美的事情。

我愿意在醒悟之际，写下以下八字箴言，助后人走出迷惘，回归大真本我：真实，勇敢，独立，忠诚！

目　　录

CONTENTS

第一章　真实

1.1　真实成就高效人生

人生七十古来稀。有的人会早逝，有的人会活得长久，怎么丈量一个生命走过的一生呢？无数英雄伟人的故事表明，绝对的时间长短只是一个僵化的维度，真正能够反映人生精彩程度的，是人生的内容，是他们在长短不一的生命旅程里留下怎样的足迹，攀登了怎样的高峰。

然时势造英雄，雄图霸业可遇不可求，但有一点可以肯定的是，这些成功人士生命中单位时间里所做成的事情，要远远超过另外那些碌碌无为或一生平庸的人。

这里的关键其实就是人生的效率。在同样多的时间内，高效率的人生能够做出比低效率人生多得多的事。如此一来，表面上大家都活几十年，但一些人一辈子的经历和成就，可能相当于另一些人的几生几世。

抛开天生智力不同、后天培养迥异等一切客观因素，可以发现影响人生效率的其实就是人们处世的态度和方式。笔者复盘总结三十几载的求学、求职和创业之路后发现，其实最简单的“真实”，就是成就高效人生的关键。

我惊喜地发现：在我人生的每一阶段，在每一阶段的重要时刻，那些最终让我从失败走向成功、从低谷走向高潮、从迷惘走向通透的关键——无论是想法还是行动——最终都指向同一个词：真实。

什么是真实?

汉语中的真实一词最早出现在东汉史学家、政论家，思想家荀悦的文章中，意思是“与客观事实相符”“不假”。他在《审鉴·政体》中说：“君子之所以动天地、应神明、正万物而成王治者，必本乎真实而已。”

可见在很早的时候，真实就被政论家视为治国平天下的根本。除本意之外，在语言演变过程中真实还形成了真心实意、清楚确切、本质真相、真诚实在等引申义，俨然成为规范人们为人处世、修身齐家、格物致知的基本法则。

在现代话语体系中，随着网络文化的冲击和稀释，真实更多被解读为不装、不作，甚至于走心、对味。这意味着，这一原本非常客观的词汇，被注入了更多主观的成分，从“生活真实”走向“艺术真实”，从现实变得虚幻起来。

虽说时代变迁，“存在即合理”，但这样的“升华”带来的影响并非全是正面的。实际上，随着一部分群体的过分的“自我觉醒”，真实反而成为了一些人混淆生活与艺术，拒绝认识自己、改变自己的借口。

比如近年来，随着众多综艺秀场类节目依附互联网渠道和社交媒体而兴起，嘻哈文化中的“keep (it) real”（保持真实）开始备受中国年轻人推崇，“be yourself”（忠于自我）一时间成为一些人的口头禅和座右铭。

在这种“思潮”的影响下，不少人误解了保持真实、忠于自我的真正含义，错误地以为缺点即优点，“我是什么样就怎么样”“你不喜欢我就是不理解我”“老子独一无二，不需要做任何改变”……

在哔哩哔哩（简称“B站”）联合中国社会科学院共同发布的2018年度弹幕中，真实一词以最高的出现频次冲顶。该发布称，B站用户在日常使用场景里看到情理之中但又意料之外，或者在虚构作品中看到过于贴近现实的情节时，往往会发送“真实”、“过于真实”、“太真实了”之类的弹幕来表达自己的一种潜在共鸣情感。

对此，由中国社会科学院专家组成的年度弹幕委员会阐释到：“‘真实’具有三层意思，与现实相符，与认知相符，与心意相符。真实是有参照物的，参照物的变化过程，就是‘真实’意思的变化过程，也就是从现实到认知再到心意的变化。可以说，对心对意即真实。”

毫不夸张地说，作为并非B站用户的80后，笔者对这一结果的第一印象是“不真实”，很难相信“对心对意即真实”已然成为更年轻一代的主流认识。很显然，过于“唯心”无助于认识事物的本质，其结果只会是越来越脱离现实，越来越不真实。

尽管网络言行不能完全代表现实态度，但笔者对此等现象还是担忧大于肯定。我担心：对真实的“唯心”认识和从众心理，会让年轻人飘在空中，不能认识真实的自己，不能正视自己的优缺点，不能妥善处理人际关系，不能正确审视出生环境和国内国际形势……最终，都活在自以为是的“真实”里！

在我看来，真实是对自己的接受，对自我的肯定，是在能力范围内做力所能及的事。不真实会产生畏惧、害怕、不自信等心理，进而导致不开心、不快乐、不勇敢、不独立。更进一步，如果社会中的大多数人都不真实，那么整个社会也就变得不真实，运转效率就会低下，最终波及活在其中的每一个人。

这里面的关键在于，一个人既要认识到真实的自己，也要接受和肯定真实的自己。这里的真实包括自己的优点和缺点，长处和短处。只有真实地认识并接受自己，一个人才不会对自己的能力、处境做出错误的判断，才不会做出不合时宜的动作，导致事倍而功半。

为什么要真实?

并非我危言耸听，实在是很多不真实的现象正在席卷而来。很多人已经不再真实，并且整个社会也有乐于虚假、不求真实的大趋势。回归真实，正是我写本书第一个要呼吁的。

为什么要真实？电影《无问西东》里借时任清华大学校长的梅贻琦说：“什么是真实？你看到什么，听到什么，做什么，和谁在一起，有一种从心灵深处漫溢出的不懊悔，也不羞耻的平和与喜悦。”这表面看是在给真实下定义，其实是在讲真实的好处，即从心灵深处感受到自然溢出的不懊悔、不羞耻，以及平和与喜悦。

很显然，这是从精神层面对真实的好处的描述，其实回归物质层面，真实也有莫大的裨益。而且，理工科出身的笔者更倾向于认为，从理性的角度思辨，回归真实的好处，最先会体现在物质层面，然后再给予精神助益，两者相辅相成，使人不悔不羞，平和喜悦。

首先还是追寻古人的智慧。在儒家文化巨著《大学》里有一套人生“练级”的过程——格物、致知、诚意、正心、修身、齐家、治国、平天下。其代表的意思是：推究明白事物的原理，然后才会拥有渊博的知识，彻底了解事物；拥有渊博的知识，彻底了解事物，然后意念才会诚实；意念诚实，内心才会端正而无邪念；内心端正，然后才能提高自身的品德修养；自身的品德提高了，家庭才会整顿好；家庭整顿好了，然后国家才会治理好；国家治理好了，推而广之，然后才能使天下太平。

这其中的格物、致知和诚意、正心、修身，其实就是对客观世界的了解和探索，以及修炼自身与之相匹配和适应的过程，追求的是个人知识、技能等与客观事实相符，力求做到真实不虚假。很显然，这与真实最本源的含义不谋而合。

因真实而得以修身之后，君子方才具备了齐家、治国、平天下等后续事宜的基础条件，才可以开创一片天地。由此可见，在很早很早以前，中国的先贤圣人们就意识到了真实对于成家立业和兼济天下的基础作用和巨大价值。几千年来，中国的读书人均以此为准，奉行不渝。

然后从现代社会环境来讲，我们也有充分的理由要回归真实，因为它是最高效的人生方式。一个人若不能坚持真实，就不能认识真实的自己，也不能看清真实的世界，更不能将真实的自己与真实的世界很好地融合。一旦背离真实，一个人在日常的生活、学习和工作中，就会走不少弯路，甚至处处碰壁，严重降低人生的效率。

举个最简单也最普遍的例子，在中国有很多人认为求学最苦的是高中阶段，一旦上了大学就轻松了。很多不明就里的年轻人，也真就在大学期间放松了，虚度四年出来后发现求职困难、涨薪不易。出现这种情况后，一部分人执迷不悟，将责任推向大学扩招、教育和产业脱节等；另一部分人则痛定思痛，及时补充学习社会急需的知识和技能，终于慢慢补回蹉跎的岁月，追赶优秀同学的步伐。

殊不知，人生永远没有轻松的时刻，明天也不会总是更美好。在客观大环境不变甚至不断恶化的背景下，一个人只有不停地审时度势，不停地攀登才能不被甩在身后。当遭遇真实世界给予的无情打击时，只有回归真实的人才能够亡羊补牢，走出低效的人生轨迹。

微软公司的创始人比尔·盖茨曾说："电视并不是真实的生活。在现实生活中，人们实际上得离开咖啡屋去干自己的工作。"当前互联网经济当道，很多年轻人认为工作就是"咖啡零食PPT"，然而实际上，这样的工作和候选人都只是少数，就像"一张报纸一杯茶"的工作一样，并不是统计学上的大多数，而且也随时可能会被打破。

所以，从今天起，重新认识真实的真实作用，回归真正的真实，活出一个高效的人生吧！不要被社会上那些小众的流行蒙住双眼。正如奥地利小说家弗兰兹·卡夫卡所说："没有真实是不可能生活的，真实大约就是生活之道。"

那么，到底该如何做到真实、回归真实呢？笔者将在下面的章节中与您详细分享。

1.2　觉察真实的自己

"我是谁?""我从哪里来?""我要到哪里去?"自古以来，这三个问题就一直困扰着众多的哲学先贤和宗教人士，是典型的看似简单却异常复杂的问题。其中首当其冲的"我是谁?"，探究的正是认识自我，可见这是一个大问题。

国学经典《三字经》开篇便讲："人之初，性本善。性相近，习相远。"说的是人在刚出生时，本性都是善良的，性情也很相近。但随着各自生存环境的变化和影响，每个人的习性就会产生差异。

虽然多年来全世界关于"性本善"还是"性本恶"的争议不断，但环境会改变人却是大家一致的认识，这要求人在成长过程中，必须不断动态地认识自己，才能看见真正的自己——

包括自己的长处和短处、优势和劣势，以及这些长短优劣随时间的变化而变化的细微轨迹。

“不识庐山真面目，只缘身在此山中。”毫不夸张地说，受方方面面的影响，认识真实的自己，可能是世界上最难的问题。在现实生活中，我们很容易对别人做出判断，而到了自己，却总是难以着手，甚至会产生回避心理。

笔者复盘总结三十几载的求学、求职和创业之路后发现，要认识真实的自己，除了首先要敢于“卸下铠甲”剖析自己外，最重要的是要在生活实践中暴露自己，让自己去历练，从动态中认识不断变化的自己，最终才能觉察到真实的自己。

而认识和接受真实的自己，并以客观事实为准绳去不断完善和修炼自己，可以说才是真正步入了回归真实的正途，叩开了真实开启的高效人生的大门。

卸下防御的铠甲

无数的调查和研究表明，很多人不能认清真实的自己，最主要的障碍在于防御心理——出于方方面面的考虑给自己穿上厚厚的铠甲，不敢正视真实的自己。所以万事开头难，要觉察真实的自己，第一步便是卸下防御的铠甲。

人是社会的产物，每个人在学习、工作和生活中，都会面临这样那样的问题，都需要处理这样那样的关系，也都需要达成这样那样的成绩。在这些过程中，为了达到好的结果，绝大多数人都会改变自己，成为融洽环境的一份子。久而久之，每个人都会戴上一张张面具，穿上一副副铠甲。

但社会本身是不断变化的，换一个学习、工作和生活的环境，一个人相应的处事方式也必须随之而变。同时，即便做出了改变，很多时候由于客观原因也可能事与愿违，导致裂痕或者落差产生。此时此景，很多人就会感到无所适从，旧有的防御铠甲就会变成新的成长障碍。

得益于当老师的父亲的监管教导，以及自身的努力学习，我从小学到初中的成绩都是全镇前列，数一数二。但当升入汇集全县优秀学生的县一中“尖子班”之后，我发现自己不再是金字塔尖的那一小撮人了，考试排名甚至到了不被老师注意的位置。

初时我偏不信邪，坚信下次考试凭我的基础和智商可以重新取得碾压性的优势，结果现实再次给我重重一击——排名不升反降了。没有老师的关注，我就和同学聊天（兼发牢骚），结果发现几乎每一个都是各自镇上的佼佼者，很多人的中考成绩不在我之下，更不用说县城里几间中学升上来的基础知识更全面、适应能力更快的优秀学生了。

认清现实，搞清楚问题后，我对自己说，“不能躺在过去的成绩单上了。”于是我忘掉曾经初中的光辉岁月，积极向老师求教，与同学交流，同时更加刻苦地学习，终于在高一下学期把成绩赶上来，并最终在高中毕业后以全校前列的成绩考入同济大学。

上了大学后，我发奋读书，几乎杜绝了所有读书之外的活动，最终使得我能够以优异的成绩本科毕业，并在毕业前就收到四家世界500强企业的Offer。那一刻，我飘了，变得不真实起来。我目空一切，觉得其他同学（无论他们出身哪里，背景如何）都不如我，不愿意与他们结交。包括大学期间谈的女朋友，我也因志向不同而草率与她分手。

带着这种膨胀的心理，我在加入通用汽车后不久就离职单干，但想象中的成功并没有到来，现实反而给了我当头一棒。那时我才发现，创业是一个极其需要资源、需要合作、需要经历的营生，而由于我在大学及短暂的就业期把自己封闭起来，并没有具备相关的素质，因而失败也是意料中事了。

现在回想起来，大学和第一份职业所结交的人、所经历的事，对一个人今后的发展，是多么的重要啊！如果当初我能够卸下防御的铠甲，真实地融入到环境中去，那么可想而知我后来的道路将平顺得多。

英国著名物理学家贝尔纳曾说："构成我们学习最大障碍的是已知的东西，而不是未知的东西。"这句话推而广之，可以说——构成我们认清自我的最大障碍是已有的认知，而不是未知的认知。每当此时，人们真正需要做的，是卸下旧的铠甲，重新回归真实，让自己与客观事实重新相符。

在动态中认识自己

当然，需要明确的是，人的一生遇到的旧铠甲不止一件，没有一劳永逸的认知建立和推倒重建。敢于一次次卸下曾经发挥重要作用的旧铠甲，在动态事件中去重新寻找解决问题的新武器，方才是觉察真实自己的真谛。

这其实又涉及一个哲学家可能也无法解释清楚的话题：到

底什么才是真实的自己？A从小立志要当科学家，结果大学毕业进了金融行业，卖保险卖得风生水起。B一直爱好文学，长大了迫于生计要去送外卖，又忙又累不得不搁笔。哪一个才是他们心目中真实的自己？

你也许会说，A和B的理想反映的才是真实的他们。切换行业或不得意，只是暂时的客观现实；只要心中有光，他们最终都会找回真实的自己。对此我感性上表示赞同，理性上却不能同意——这种说法大大低估了现实环境对人的塑造力。

但相比那些一味坚持所谓的理想，而不愿暂时切换行业或忍受不得意的人来说，他们要真实得多。实际上，如果他们既能够不忘初心，为最初的志愿积极蓄力，又能够干一行爱一行，让自己与当时的客观事实相符，那么可以说才是觉察了真实的自己。

真实的自己，永远不是一层不变的。那些脱离社会现实的"keep real"和"be yourself",并不是真实该有的样子。在动态中认识变化的自己，并找到不变的东西，才是觉察真实自己的不二法则。

安吉丽思在其畅销书《活在当下》中说："当你能够与痛苦并肩而行，不再抗拒，就能从困境中创造出真实刹那。"她把这种学习叫做"学着与痛苦共舞"，并认为人要找到当前挑战时刻的特有节奏，然后调整自己的步伐去配合它；不要逃避不愉快或害怕的感觉，反而要选择不断地去探索这些感觉。

她甚至认为，生命的意义正在于：每一个当下，生活里的经验都能为你带来满足和喜悦，让你充分感觉到"为这目的活下去是值得的”。

实际上，人生于社会当中，所遭遇的何止痛苦二字！还有焦虑、恐惧、虚妄等，都会持续不断地加诸每一个人的每一段人生。一帆风顺、万事如意，只是人们心底里最美好的祝愿，基本上不可能发生，仅此而已。

现实中，每个人的出生环境、家庭情况、经济能力、教育程度都不同，这必然导致每个人的人生起点会不同，每达到一个人生小目标所需的奋斗和付出的努力也不同，而且即便勤勤恳恳、兢兢业业，每个人的人生境遇也会不同。这些都是客观存在的，与其回避，不如拥抱。

《孟子》中说：“故天将降大任于斯人也，必先苦其心志，劳其筋骨，饿其体肤，空乏其身，行拂乱其所为，所以动心忍性，增益其所不能。”意思是大才之人在成才之前，也要经历种种不如意，来使他的内心警觉，使他的性格坚定，增加他所不具备的才能。执果索因，现实中的种种不如意，难道不是必然，难道不是财富吗？

聪明而笃厚的人，善于在实践经历中认识真正的自己——尤其是那些艰难困苦的生活经历，最能够帮助一个人觉察真实的自己。而且他们明白，这种觉察不仅仅是静态的认识，而且是动态的历练。觉察的过程，正是成长的过程。

当然，于变化中找到不变的东西，并将之升华为指导人生的“道”，则是觉察真实自己的最高境界。比如上文的“内心警觉”“性格坚定”“才能增进”等，可以说是人生途中的“内功心法”。它们从逆境中来，可以帮助人们战胜下一个逆境，弥足珍贵。

正如古希腊哲学家苏格拉底所说，“认识自己是最困难的事”。一个人若要真正认识自己，绝非一次性的闭门思过或呕心总结就能一劳永逸，而是要不断实践经历，在动态中觉察变化的自己，提炼并掌握那些符合客观规律，有助于实现人生目标的东西。

在动态中认清每一阶段的自己，并欣然接受和肯定自己的优缺点，不妥协不逃避，然后实事求是地为人处世，努力做到自己的实际情况与社会客观环境相符，那么你就可以说，“我觉察真实的自己了”。

1.3　看清世界的真相

人是社会的产物，既然现实社会对人的塑造有如此巨大的作用，而真实最本源的要求是与客观事实相符，那么认识我们所处的世界，看清世界的真相，就变得自然而然、势在必行了。

相比认清“我是谁”，看清楚“世界是什么样的”本来要容易一些，毕竟后者是客观存在的，不随个人的主观意识而倏忽变幻。但鉴于主观意识往往会影响人们对客观世界的认识和判断，因而也不容小觑。

认识世界的真相，主要目的是让真实的自己与真实的世界相符，活出最高效的人生，而不是背道而驰，枉费光阴。一个人如果对自己的认识比较清楚，但对世界的认识却存在偏差，最终也很难活得称心如意。

哲学里用世界观来描述人们对世界的基本看法和观点，唯心主义者认为世界上的一切事物只存在于个人的心灵之中，一千个观众心中有一千个哈姆莱特，一万个人心中就有一万个世界。这种富有诗意的看法显然不符合客观现实。诚然，真实的世界有变化的东西，但更多的是不变的法则和规律。

要看清世界的真相，首先就要分清楚现实世界中哪些变化与不变的东西，进而对那些不变的法则与规律加以探索和学习，让真实的自己遇上真实的世界，迎接高效的人生。

世界是不断变化的

毫无疑问，世界是变化的。尽管我们人类所居住的这个星球有生命的历史可能已经数百万年，很多物理的东西的变化十分缓慢，但变化一定是在持续发生的——有的我们能够觉察得到，有的超出了我们目前的认知水平。

气温在上升，冰川在消融，海平面在上涨，资源在枯竭……大自然的这些变化，是不争的事。尽管变化的幅度十分微小，小到一个人终其一生可能也无法感知，但统计显示这样的变化确确实实在发生。当把这样的变化幅度乘以一个足够长的时间周期时，其变化之巨不可不察。

城市化在加速，科技日新月异，人类的整体生活水平不断提高……旧的问题在不断被解决，但新的问题也层出不穷，整个世界在变化中匍匐前行。脱离土地的农人，幸福感并未显著提升；科技在带来效率和便捷的同时，也遭遇了隐私和人性的拷问；人们整体生活水平提高了，但全球的贫富差距似乎更加巨大。

和平年代并不和平，地区摩擦和局部战争比以往更加频繁；宗教冲突和种族之争，并未随着人们受教育程度的增加而消减几分；恐怖袭击依然存在，意识形态之争也没有一刻停息；民族主义四处抬头，民粹分子们的斗争热情丝毫不亚于战时的战争狂人们……

如上种种，就是世界的真相，就是我们所处的这个世界，在真实发生的事情。这样是事情，在每一个国家和地区都可能在发生——具体情况或有不同，但没有一处可以置身事外。

今天的很多国人，由于思维局限或眼界受限，仍然存在“国外的月亮比中国的圆”“洋货比国货好”的陈旧观念，这其实就是忽略了世界变化的力量。这些年我飞海外不下百万公里，走过很多国家和地区，亲眼所见很多东西都在反转。比如，今天的中国制造，在很多品类上已经是世界顶尖。再比如，很多“老外”做生意也会瞒上欺下、尔虞我诈，不能简单以为他们是单纯的。

因此，当你明白世界变化的真相后，你会更加真实地看待所处的环境，以正确的态度去对待学习、工作与生活。你不必因自己卑微的家庭出身而感到努力无门、前途无光，也不必空想美国和西方的自由与创富而空有幻想——你必须立足你真实的环境，用客观事实相符的真实努力去创造一切。

你始终得相信，人是社会的产物，但社会是人去塑造的。什么样的人，就会把世界塑造成什么样子。毫不夸张地说，今天的中国人，无论是白领、工人还是老百姓，都是全世界最勤劳的那一批人。我们不同于欧美的“骄奢淫逸”，也不同于非洲“懒散懈怠”，我们正在以令人惊诧的速度改变中国，追赶发达国家，影响世界。

印度哲学家、全球知名的“冥想”大师克里希那穆提在目睹战争的疯狂与惨烈后曾写道，四处都有暴力问题，也有自由与否的问题。亚洲到处可见贫穷、饥饿以及彻底的绝望。美国与西欧面临经济繁荣但缺乏朴素精神，暴力会随之而起。西方充斥着各种形式的奢华享受，已经达到彻底腐败和不道德的程度。

不止是政治和宗教无法让世界变得平静而向善，飞速发展的科技也不能总是向善。近年来，科学技术的发展为人类人会带来了翻天覆地的变化，但随之而来的隐私泄露、大数据“杀熟”、无人机炸弹等，也充分展现了科技作恶的一面，引发全社会的深度关切。

所以，不要简单迷信社会总是越来越进步，也不要早早就过上“佛系”人生，而要更加注重你与这个世界的关系——你是否真正认识到世界的真相，并真实地在学习、工作和生活中付诸实践？！

于变化中寻找不变

一直以来，人类作为地球上拥有高级智慧的生命群体，一直没有停止对世界本质的探索，时至二十一世纪，人类已经有了不同于以往任何一个时代的强大科技，各种各样的科技制造出更多精密高级的工具，更加方便认识我们的世界。

时至今日，我们发现了更加神秘的微观世界，看到了细菌、真菌、微生物，也知道了原子、中子、质子、粒子的存在；我们也看到了更加宏大的世界，突破地球的天空，向着更大的太阳系，银河系进发。但即便如此，很多问题的答案依然神秘待解，人类依然觉得不够，还有更多的地方是目前无法探索的，还有很多的地方是人类没有探知到，我们依然还有很远的路要走。

抛开物理和哲学的终极难题，这个世界的本质其实还是应了那句话，“世间唯一不变的是改变”。变与不变，相辅相成，不可或缺。随着年龄的增长，权力地位的提高，金钱的累积，岁月的沉淀，时间的打磨，一切都在发生变化。每一次变化都是真实发生的，一个人如果停留下来不去追逐、不去实践，那么就大概率不会感受到这些变化的发生，也因此不会享受到变化带来的结果。

1994年，联想公司的两大核心人物柳传志和倪光南产生了严重的分歧，曾做出巨大贡献的汉卡产品在市场上逐渐江河日下，担任联想总工程师的倪光南主张走技术路线，试图寻求芯片技术上的突破；而已在市场上摸爬滚打10年的总裁柳传志反对过多投入，希望在电脑组装生产线上“赌一把”，主张发挥中国制造的成本优势。

“倪柳之争”后来被认为是代表了中国企业“贸工技”和

“技工贸”两条路线的争斗，也被视为是商人思维与学者思路无法调解的分歧。今天，联想虽然还算得上是一家国际化大企业，但在普遍舆论中已经远远被坚持技术路线的华为抛在了身后，成为不少人对比批评的对象。

倪光南在回顾联想和华为两种策略的优劣时谈到，在1988−1995第一阶段，联想的“技工贸”胜过了华为的“贸工技”，在1995年，联想销售额67亿元，是华为的4.5倍；从1996到现在处于第二阶段，华为的“技工贸”胜过了联想的“贸工技”，2001年，华为销售额超过联想，截至2018年12月22日，联想市值81亿美元，据估值华为价值已超4000亿美元，二者差距接近50倍！

从这个案例可以看出，联想柳传志是善于变化的，商场上的灵活应变使得华为在相当长一段时间内占据鳌头，但更长久看华为取得了更大的成功，核心原因便在于它抓住了变化市场中技术创新这一不变的东西，努力耕耘并终获成功。今天的华为成为美国总统特朗普最害怕而要封杀的企业，足以说明该公司有多成功。

今天，别管房地产、金融，乃至消费互联网领域有多么热闹和喧嚣，年轻人应始终相信只有底层技术创新才拥有强大的驱动力和厚积薄发的能力，只有实体经济蓬勃发展，虚拟经济才不会是无本之木。有志于改变世界的年轻人，要懂得利用中国遥遥领先的市场优势，探索真正的技术创新，驱动新的工业革命，获取面向未来的可持续增长。

同理，对于个人能力的储备和打造，今天也充满很多诱惑，人们应该看清其中的真相。比如时下火热的网络直播、微商创业、保险经纪、区块链炒币等，吸引了不少年轻人的眼球。但仔细一想，它们都只不过是特点时间点出现的一股赚快钱的风潮而已，“风口”很快就会过去，不可能是持久繁荣的生态。如果你专注于这样的风口，而忽视了基本能力的积累和修炼，那无异于随波逐流，很快就会被另一波浪拍死在沙滩上。

世界那么大，还很复杂，变与不变的分野在哪里？没有人能明确告诉你，而你必须用真实的原则和态度自己去分辨，去窥探。其中的第一步，就是上面说到的觉察真实的自己，因为只有你认识并接受真实的自己以后，你对世界的观察和看法会真实，才会贴合真实的你。

同时，纸上得来终觉浅，除了勤学善思，你还要“入世”，不断去闯荡和经历。我敢说，只要你以真实的自己去适配真实的世界，最终你就会看清这个世界的真相！

1.4 摆脱焦虑与恐惧

焦虑与恐惧对于真实而言，是可怕的敌人。被焦虑与恐惧支配，真实只会渐行渐远。每个人都有过被焦虑与恐惧支配的感觉，这种焦虑和恐惧来源于生活和社会的压力，是懦弱和胆小的体现，是不敢面对，没有勇气的结果。

人在焦虑和恐惧的时候往往是在面对一些自己处理不好的问题，或者面对一个气场比自己强很多的人的时候，会显露出来，因此，自信和平常心是摆脱焦虑与恐惧的最佳法门，一个自信的人在做任何事情的时候都会遵从自己理智的选择，只有这种状态下的人才是真实的。

比如，对于刚步入社会的大学生而言，如果内心胆怯，在面试的时候畏手畏脚，则很难找到工作，或者找不到好工作。其实放开了想，你的面试官也是从你的位置一步一步走上去的，也曾经是一个初出大学的求职者，那么你的这种焦虑和恐惧感可能就会消失了。

毋庸讳言，很多人遇到棘手的事情或看起来无法完成的任务时，都可能会陷入焦虑与恐惧。如果把这种状态延续下去，久而久之就会让一个人习惯性焦虑和害怕，办不成事，变得不自信起来。但这是真实的自己吗？很显然不是。其实很多人是有能力解决这些问题的，只是不自信或方法不对而已。

因此，焦虑与恐惧是真实的大敌，焦虑和恐惧会阻止你认识和接受真相，让你活在空幻和恐慌之中。不摆脱焦虑和恐惧，也就无法做真实的自己，无法在关键的时候做出最正确的选择，无法取得成功。

焦虑和恐惧无处不在

查尔斯·司布真曾经说过："我们的忧虑不会带走明天的难过，只会带走今天的力气"。焦虑不能解决问题，只会将事情变得更糟，不管面临怎样的压力，都必须摆脱焦虑，只有这样才能解决问题。

在《平凡的世界》一书中，孙少安每天都面临着无数大大小小的问题，关于爱情，关于家庭，关于自己的砖厂……尤其是在请第二个骗子师傅导致了本来初具规模的砖厂，一下子打回了原形，给孙少安带来的不仅仅是破产，甚至整个村里的人都在抱怨他，那应该是孙少安最焦虑、最恐惧的一段时光了。

可是，焦虑和恐惧并不能解决任何问题，为了整个家庭，即使在这样艰难的情况下，孙少安依然没有选择放弃，通过自己的努力，贷了第二批款，请回了之前的师傅，孙少安的砖厂才又恢复了往日的生机，甚至比以往更加浩大。

实际上，我们每一个人都经历和面对过各种各样的焦虑和恐惧。农民担心恶劣的天气影响粮食的收成，学生担心考试的发挥影响未来的前途，老板担心市场的波动导致经营利润下滑……但必须得明确的是，焦虑和恐惧背后的困难或挑战，并不会因为一个人的担心而自动瓦解，最终还是需要人们去克服和解决。

在学生时代，不自信的人很容易陷入焦虑和恐惧之中。考试的失利，或者长期学习并没有收获到好的效果，这都会让人十分焦虑和头疼。然而焦虑并不能使成绩变好，也不能让你通往自己想去的大学，焦虑以自己的能力即使付出了努力，也很难进入自己想要的大学，最终换回来的只是成绩的一落千丈。焦虑自己比同龄人付出更多的努力，却收获的很少，因此选择不去努力，这不是正确的对待生活，对待学习的方式。

事实上，你认为你的努力远超同龄人，而别人却收获的比你多，可能仅仅是你的错觉而已。真实的事实应该是这样的，比你成绩好的人付出的努力远远比你想象中的多，而能够可以比较的就是自己，只要你努力了，你就会发现你的成绩在提升，这才是最真实的现象。摆脱不真实的焦虑，才能使你通往理想的大学。

已经步入社会的成年人的世界，焦虑和恐惧并没有因为年龄的增长而缺席，反而更肆无忌惮的在人群中游走。成年人的烦恼大多数来自金钱和爱情，关于爱情，很多人因为焦虑自己的付出得不到回报，因为焦虑自己的资金情况，因此不敢和人谈恋爱……成年人的焦虑和恐惧远远比学生时代更加的难以摆脱。

毫无疑问，焦虑和恐惧是成功的敌人，是真实的反面，处于焦虑中的人体会不到这个真实世界带来的美好。如果长期处于这种状态，每天能感受到的也仅仅只有现实世界带来的巨大的压力摆脱焦虑，那么这个人不但不能成事，就连自己的健康快乐都难以保证了。

影视明星胡歌在几年前大红大火的时候出了车祸，整张脸都毁容了，他很清楚这次车祸带给了他什么，不仅仅是他的面孔，甚至他的事业也很有可能毁于一旦。试想一下，如果当初他沉浸在焦虑和恐惧之中，又怎会有现在这样一个被称为“国民男神”的胡歌。

同样也是因为这样一段经历，使胡歌对于生活和事业的理解上升了一个很大的高度，这点从他“重生”之后带来的《琅琊榜》这个作品就可以看出来，可以说，这场车祸不仅没有摧毁他，甚至成就了他。

不管怎样的困难出现在面前，都应该去摆脱焦虑与恐惧，沉浸在焦虑和恐惧之中，带来的只会是不幸之后的不幸，而摆脱焦虑与恐惧，才有可能将困难解决，甚至将困难变成自己成功的铺路石。

保持自信和平常心

自信和平常心，是摆脱焦虑和恐惧的不二法宝。当你认识到焦虑和恐惧其实是无处不在的时候，你要唤起你心中的自信，对自己说，“别人都可以克服，别人都可以做到，我为什么不可以?”同时你要学会坦然面对，既来之则安之，用一颗平常心去应对。

自信的人是不会因为眼前的困境而焦虑的，因为他们明白，通过自身的努力，早晚会摆脱眼前的困境；而眼前所谓的困境，只是人生中必须要经历的过程罢了。如果你没有越过眼前，那这就是你的一生。

自信的人明白，不摆脱焦虑，就会一直沉浸在焦虑之中，而焦虑无法使现状变好，却容易将眼前的现实变得更糟。当你具备了很强的自信心，焦虑和恐惧可能都不会“光临”你，因为高度的自信是困难的天敌，高度的自信的人对焦虑和恐惧具备天然的免疫力。

如果因为焦虑而不去找工作，或者因为焦虑在面试的时候不能给人体现自己的价值，那么你很有可能会失业，或者从事着远低于你能力的行业，这样的事业不能体现你的价值。如果对于自己的工作和薪水不满意，却又焦虑自己离职之后能不能找到一份新的更好的工作，那么你将会永远也没法解脱，永远活在踌躇与纠结之中。

当然，自信心的建立又是另一个话题，不是每个人都足够自信的。一般认为，物质的保障会让一个人在面临现实困难时显得自信，反之物质条件的匮乏却很有可能造成人的不自信。这有一定的道理，但也别忽视了自信更多是一种精神层面的“意志力”。

有的人天生自信，可以“会当凌绝顶，一览众山小”，可以“上九天揽月，下五洋捉鳖”，也可以“自信人生两百年，会当水击三千里”。这样的人面对焦虑和恐惧时，几乎不会表露出来，而是谈笑风生间解决它们。

但对更多的人来说，自信心本身就需要修炼，如何用一个没有的东西去摆脱焦虑和恐惧呢？这时候就需要发挥平常心了。平常心在我看来就是给自己减压，顺其自然，“无所谓”，不强求。当面临重大挑战而感到焦虑和恐惧时，平常心能够消解无形的压力，反而有助于解决问题。

为什么会出现这种结果呢？这是因为焦虑和恐惧的产生，很多时候是由于期望过高。而志在必得的期望，就会给当事人带来巨大的压力。在重压之下，一个人很难发挥真实全部的水平，进而不能达成最好的结果。

这样的案例有很多，比如学校的考试，几个平时成绩差不多的学生，最终排名靠前的总会是那些在压力面前能保持平常心的人。或者说学驾照，大部分受过高等教育的人，反而不如普通人顺畅，出现挂科补考的现象，也是不能保持平常心在作祟。

总之，一个人想要过得真实，摆脱焦虑和恐惧是必不可少的。每个人都要经历这场博弈——焦虑和恐惧是你的敌人，摆脱战胜它，或者被焦虑和恐惧支配——给你带来的会是截然不同的人生。

最后一招，每当你感到焦虑或恐惧时，想想卡瑞尔万能公式：一、询问自己——最坏的结果可能是什么？二、假如你没有更好地方案去避免这一结果，那做好准备接纳它就是你唯一能做的事情。这会帮助你更好地调节心理。三、再之后，稳定心绪，理智思考可以挽回这一结果的解决方案。尽最大努力推动结果向好的方向发展。

其实你很清楚，每当你做一个决定之后，它会带给你什么，而你之所以不敢决定，只是对接下来即将面对的一切没有准备好罢了，你焦虑和恐惧的都是你不敢面对的害怕的结果。

与其焦虑，不如自信地面对人生，坦然地接受即将到来的结果，如果可以就去改变它，如果不可以，那就去承受它。将事情尽量往最好的方向去发展，这就是真实的生活；真实的生活不会让人迷失自己，不会让你患得患失。

1.5 把虚无拒之门外

虚无原本是一个道家哲学用语，指的是道的本体，虚无的道才能包容生万物。后来一般被用来指代空无所有，属于单纯的想象或者不可能实现的理想。巴金在《谈<灭亡>》中将虚无解释为盲目地否定一切或排斥一切。

由虚无引申出一种虚无主义，在近代和今天特别流行。持这种想法的人认为世界存在没有意义，人类的存在也没有意义。从这个角度看，正好是真实的对立面。秉持虚无主义的人，总是感慨人生在世没有意思，所有奋斗和争取最终都是徒劳。因而在遇到困难和挫折时，这样的人总是选择放弃和逃避。

对出世的人来说，虚无或许是一种修行的态度。但笔者认为对绝大多数入世的人来说，虚无是没有意义的，是一种逃避。人们不能以虚无主义为借口，去拒绝认识和接受真实的自己，回避现实生活中的喜怒哀乐。

真实，是虚无的对立面。以真实去对待世界，世界将带给你真实；以虚无去对待世界，世界也只会回馈给你虚无。虚无不是正确的处事法则，所带来的结果必然也是不好的。把虚无拒之门外，去拥抱真实，才会收获真实、踏实的人生。

在当今这个纷繁复杂的世界，个体遭遇的挑战越来越多，如果稍有不顺就以虚无主义来安慰或武装自己，那么不但对自己无益，而且对家人和朋友无益，对事业和社会无益，对国家和民族也无益。最终，当这样的人碌碌无为而老去的时候，没有人会投以敬仰的目光。

虚无是真实的大敌

真实地面对人生才是正确的人生态度，在生命的旅途中，没有任何一种虚无可以帮助你走向成功，虚无的对待迎来的也只会是虚无。虚无不会交换回来真实，所以做事不能只停留在幻想，关键在于行动，因为行动是真实的，用行动换来的也必将是真实。

真实是容不得弄虚作假的，因为它迟早会毕露原形。“马屎二面光，里面一包糠”，这句话完美的诠释了虚无的危害，金玉其外败絮其中。另外，伪装出来的真实，其实也是一种虚无，是一种表面真实却极度虚无的存在。真实，是应该将这种虚无拒之门外。

战国时期，齐国的宣王喜欢听竽的大合奏，就命乐正组织一支三百人的大型吹竽乐队。南郭先生无学问又无专长，但是却凭借着三寸不烂之舌混进了乐队，但他根本不会吹竽，为了不让自己的竽发出声音，偷偷用豆子塞住竽口，这样，他就装模作样地在乐队里“吹奏”起来。

可是好景不长，齐宣王驾崩，齐王继位。新王却喜欢听独奏，于是，乐正便推举南郭先生表演。南郭听后吓得浑身发抖，竽中塞的一粒豆子也滚落出来，原形毕露，丑态百出，众乐师暗暗好笑。渭王大怒："简直是滥竽充数!"欲惩办南郭，于是当天，南郭先生就逃之夭夭了。

南郭先生最终没有收获成功，所谓的事业对他来说也只是竹篮打水一场空。用虚无去维持的成功，只是暂时的，真实必定会在不久后接踵而至，等待你的则是残酷的、血淋淋的真实。

真实，就是应该将一切虚无拒之门外。西汉大文学家匡衡幼时凿穿墙壁引邻舍之烛光读书，终成一代文学家；为了不因此而影响学习，孙敬想出一个办法，他找来一根绳子，一头绑在自己的头发上，另一头绑在房子的房梁上，这样读书疲劳打瞌睡的时候只要头一低，绳子牵住头发扯痛头皮，他就会因疼痛而清醒起来再继续读书，后来他终于成为了赫赫有名的政治家。

"凿壁偷光，悬梁刺股。"才是真实的本质，用虚无对待它的人，最终也只能颗粒无收。在古代，科举榜单上不会出现虚无的人；在现代，成功的人也都是脚踏实地，切切实实在认真实践奋斗的人。没有一个人，没有任何一个时代，可以以虚无收获真正的成功。

周恩来"为了中华之崛起而读书"，俞敏洪为了考北大复读了三年……这些都是切切实实的真实，这些人都用自己的行动将所谓的虚伪变成了真实，因此他们成为成功的人。所有的属于自己的真实都是自身造成的，所有想要改变的真实最初都是虚无的。只有实践，才会将虚无变成真实。

真实与虚无对立存在，是真实还是虚无，往往取决与人的态度和行动，行动就是真实，空想则是虚无。用虚无去欺骗别人，去欺骗世界，甚至欺骗自己，那只能收获欺骗。欺骗别人，最终会导致没有朋友，欺骗世界，会导致没有同类，欺骗自己，则失去灵魂。一个只会自欺欺人的人，是灵魂的空虚，是永远感受不到世界带来的温暖与能量的，内心空虚的人往往毫无作为，不敢以真面目示人，只能活在阴影之下。

幸福是需要凭借双手去创造的，是需要凭借真实去获取的。把虚无拒之门外，才会打开幸福的大门，才能实现自己的抱负，才是正确面对人生的姿态。如果一个人从来没有真实的面对过这个世界，那么他对于这个世界来说将毫无意义，世界也不会留下他来过的痕迹——因为对于这个世界，他就是个虚无的存在。

用实际行动粉碎虚无

若要成就真实，就必然要去实践，将虚无、不作为拒之门外。一个成功的人从来不是靠虚无来成就，而是靠一步一个脚印的去实践，去行动，才能收获成功。反之只会空想的人，是永远没办法上得了台面的。

“燕雀安知鸿鹄之志哉！”陈胜早年只是一个耕田的小工，就曾立下鸿鹄大志，却被周围的人嘲笑，他们认为这是一种虚无。若是没有发生后面的事，那陈胜此人也就是个小工而已，然而在秦二世元年七月，谋划起义的陈胜付诸在行动上，最终开辟了属于自己的篇章，实现了当年的鸿鹄大志，当初的人便不再认为陈胜是个只会吹嘘的虚无之人，而是一个确确实实的真实的发达之人。

只会空想，而不付出行动，永远无法成功。用虚无去掩盖真实，迟早有一天，虚无的真相也会露出他本来的面目。只有真实的去生活，才会收获一生的幸福。把一切的虚无拒之门外，用最真实的态度去面对人生，活在真实的世界，是无比愉悦的，是人人都向往的幸福的世界。

高楼大厦是因为一块块的砖堆砌而成，成功亦需要一步一步的努力才能获得。世界上没有什么捷径可以带你走向最终的成功，只能通过自身的努力，慢慢累积而获得。切莫沉迷于虚无，也不要因为短暂的利益而用虚无遮住你真实的眼睛，看清楚这个真真实实存在的世界，用最切合它的方式去获取你最初想要的，这才是收获的唯一方式。

富翁和渔夫的故事，相信大家都听过。讲的是在一个天气晴朗的下午，一位到海边度假的富翁遇到了一位正在睡觉的渔夫。

富翁说："今天天气好，正好可捕鱼，你怎么在这里睡大觉？"渔夫说："我给自己定的目标是每天捕10公斤鱼，平时要撒网5次。今天天气好，我只撒网2次，任务就全部完成，所以没事睡大觉。"

富翁说："那你为什么不借机多撒几次网，捕更多的鱼呢？""又有什么用呢？"渔夫不解地问。

富翁说："那样你可以在不久的将来买一艘大船。"渔夫说："那又怎样？"

富翁说："你可以雇人到深海去捕更多的鱼。"渔夫说："然后呢？"

富翁说：“你可以办一个鱼类加工厂，那你就可以做大老板，再也不用捕鱼了。”渔夫说：“那我干什么呢？”

富翁说：“你就可以在沙滩上晒晒太阳，睡睡觉了。”渔夫说：“我现在不就在睡觉晒太阳吗？

在这个故事中，很多人将渔夫认定为怡然自得的智者，而富翁还在为更多财富疲于奔命牺牲自己的时间。其实换个角度看，当一场风暴摧毁渔夫的棚子和渔网，他还有心情取笑资产丰厚的富翁吗？我想答案是否定的。虚无与真实的差别，一下子就体现了出来。

今天有不少人，年纪轻轻就似乎看破红尘，到处宣传“佛系”人生，“低调”做人。一定程度上这也是虚无的表现。没有经历过高调的人生，何来低调之说？没有登顶过泰山，怎么看得见一览众山小的风景？

请相信，只有握在手中的，才是最真实存在的，而那些远在云里梦里的虚无缥缈的东西，并不能够给我们带来满足。别人钱包里的钱，即使再怎么幻想，再怎么想要，不通过真实的汗水和努力，是怎么也不会得到的。

虚无是空虚的，禁不起推敲的东西，是无法支撑人的信仰，亦无法支撑人走向幸福的致命诱惑，是应该摒弃的不良行为。将它拒之门外，踏踏实实去面对生活，面对命运，面对自己的人生和理想，面对一切你想追逐和得到的东西，这样才能真正的握住幸福。

1.6　永远不要逃避

逃避，也是真实的一大敌人。人很容易去逃避，不敢正面面对困难和苦难。谁都知道逃避不能解决问题，但却很容易逃避，因为一时的逃避相较漫长的努力，总是要简单得多。

逃避是缺乏勇气的表现，是不敢积极迎接生活的懦弱的行为。闹钟可以叫醒熟睡的人，却没办法改变你想要逃避现实的现状。没有任何一个人可以代替你去完成，或者去面对你所处的困境。你没办法永远依赖别人，你总要依靠自己的力量去解决问题。

所以，逃避得越久，一个人离解决问题、走向成功就越远。久而久之，逃避的人就变得不真实起来，自己也看不清自己，也看不清外面的世界，整个人就与真实的世界脱节。

想象困难做出相应的反应，不逃避或绕开它们，而是勇敢面对它们，同它们打交道，以一种进取的和明智的方式同它们奋斗，了解并战胜它们，方才是解决问题的正确之道。

不逃避是成功的前提

想要成为一个钢琴家，每天反复练习是必须的，过程会很枯燥无聊，但是长期的练习却能将你的能力不断提升。否则，你逃避的是练习的困难，你失去的也是成功的希望，就算是中彩票这样天上掉馅饼的事，也需要你去买彩票。

俞敏洪在成为新东方董事长之前，经历过三次高考，最终考入北大，主要就是他没有逃避高考的失利与困难。创业初期，他没有钱租房，就厚着脸皮花费少许的餐饮费在餐厅里面教学，这在许多人看来是根本不可能完成的事，然而他却完成了。最后新东方发展成为现在的模样，可以说归功于他不逃避生活的困难，敢于勇敢的去实践。

爱迪生曾经说过："任何问题都有解决的办法，无法可想的事是没有的。"俞敏洪用自己的行动，证明了只要不逃避问题，勇敢的去解决问题，问题总会被解决。

今天的很多大学生和刚出社会年轻人，不敢面对眼前的学业或现实的重担，在困难面前选择逃避，最终导致无法顺利毕业，或者虚度年轻时最能打拼的光阴。多年以后他们可能会追悔那一段虚度的岁月，但后悔已经来不及，人生新的困难和挑战已经接踵而至。

电影《无间道》里有一句台词，"出来混，总是要还的。"不要怀疑，你人生中的每一次逃避，都将在以后的日子用最坏的结果"报答"你。而你每一次的直面并解决问题，都将化为你日后攀登更高峰的阶梯。

每个人都会面临困难，甚至对于很多人来说，起床都很困难。逃避起床，也就是逃避了一整天的希望，也许一天的奋斗并不能给你带来很多实质上的改变，但是长期的逃避只会让你不断消沉，生活越来越差。

谁没有过梦想呢？但是真正实现的人又有几个，如果你想要实现梦想，却又不愿意接受梦想给你带来的考验，那么梦想凭什么让你实现。如果灰姑娘不主动出击，又怎会收获白马王子的爱。

人类想要飞出地球，这在今天来看已经成功了，但是在几百年以前，这是个荒谬的话题，别人只会对你的观点说痴人说梦。愚公向人们证明了山是可以移的，马云向人们证明即使你足不出户也可以购物，互联网向人们证明了你只需要待在家里就可以看到这个世界的其他地方……如果你因为别人口中的评价，而选择逃避去追求真实，那么你无疑会一事无成。

逃避，只是无能的人给自己找的借口，历史的长河发展到今天，它向世人证明了，没有解决不了的问题，但是永远会出现新的问题。如果你选择逃避，那你就永远也无法体会到生活的真实，永远也无法收获成功。

所以，永远也不要去逃避，任何巨大的问题都可以被拆分为无数很小的问题，只要一步一步地去解决它，那么问题就会迎刃而解。人生很漫长，不要让问题和困难堆积；遇到一个解决一个，你将一路畅通。

直面是解决问题的唯一之路

或许在追求真实的过程中，很多不幸会突然向你袭来。你没有任何的准备，甚至很多不幸对于你来说是绝望的。但是，生活还是要继续，逃避从来不是你应该要做的选择。

海伦凯勒在出生的第十九个月就失去了视力和听力，然而这完全不妨碍他成为一个著名的女作家。你根本无法想象一个在没有视觉和听觉的世界有多么可怕，如果你对生活失去希望想去逃避的时候，或许海伦凯勒的故事会给予你启发。

这些人的事例无一不向我们证明了任何困难都是可以解决的，缺乏的只是你敢于直面困难的勇气。

真实的世界里是没有逃避的，任何的逃避在真实面前都只是一个笑话，无论怎样逃避，真实的问题和困难依旧停留在那。不解决它，它就一直存在。逃避，没办法解决问题，无论你躲到什么角落，问题都会伴随着你。逃避是无所遁形的，只要你逃避，真实的世界都会发现，然后给予你逃避的后果。不去想如何解决问题，就永远也没办法解决问题。

找工作难，但是不去找工作你就永远也没有工作，难道你指望着有一天工作主动去找你，而你不需要付出任何努力？这是一个荒谬的想法。没有工作能力，可以去学习；没有钱，可以去赚钱；没有对象，可以去找对象……这些很困难么？我想这是再简单不过的事情了，无论是你身边的人或者陌生人，他们都有能力去解决这个问题，那么你也可以。

小问题不去逃避，那么大问题也就解决了。你或许有一个很美好的理想，成为一名出色的企业家。你只需要一些小问题即可，很多看似很大的问题，其实都是无数的小问题聚集而已，一个一个的去解决，理想也没有那么难以实现。你有的是时间和精力，只要不是在逃避问题，那么总有一天，你会解决问题。

有问题，解决问题；解决问题，就是成功。在学生时代，你总会遇到一堆难题解决不了。这个时候，不应该选择跳过它，而是应该去专研它。当你解答出来了，当下一次碰见，它就不再是难题；如果逃避，那它就会变成永远的难题。

生活中同样也会遇到一个又一个的难题，只要耐心的花心思去解决，你就做到了别人做不到的事，这就是你存在的价值。如果这个问题你不去解决，那么自然会有人去解决，只不过被人别人了，你失败了而已。成功和失败的区别就在于此，解决问题的人是成功的人，而逃避者就是失败者。你所遇到的所有难题，都是在帮助你成为一个成功的人。

为了解决中国人吃饭的难题，袁隆平老先生一生的时间都奉献在了研究杂交水稻之上；为了让人可以更好地保存食物，E·J科伯兰德发明了冰箱；为了把黑夜点亮，爱迪生发明了灯泡……

他们用自己的成功告诉我们，这个世界上所有的难题都是为了让你成为一个成功的人。你只需要一把钥匙，那就是不逃避问题，去面对问题。拥有这把钥匙，你终将走向成功。抱怨生活的困难和苦难，不会成就自己，只要去解决困难，才能实现自己的价值。

不逃避，需要勇敢，需要自信，需要坚定自己能够做到。无论面临什么样的困难，都积极去寻找解决问题的方法，是实现自我价值的法门，是成功的关键。

闹钟能叫醒熟睡的人，却不能唤醒逃避的心。真实的世界不需要逃避，逃避换来的只能是更大的麻烦。逃避现实，现实将会给你更多的麻烦，以至于你更不能真实地生活，真实地做自己。

1.7　活在每一个当下

真实的人生是应该活在当下，而不是活在对过去的遗憾，或者对未来的幻想。活在当下，就更有可能充实的过好现在的每一天。毕竟，过去只是一个回忆的好地方，而你不会想生活在过去！

生活是多姿多彩的，不仅仅有甜，还有酸、苦、辣……这些都是生活所带来的，没有一个人可以一直只感受到生活的善意，更多的时候会有无奈和心酸。失恋的时候，失业的时候，甚至穷得揭不开锅的时候，这都是生活可能需要面对的。这个真实的世界，让人爱又让人恨，因此多了许多趣味。

过去的伤疤如果一直不去面对，那将伴随你终生。一个人如果一直在悔恨自己的过去，那么对于现在和未来都不会产生好的影响。最严重的是，这样未来也会变成过去。因此，让过去的过去，活在当下，应对未来，是对自己的人生负责，也是最正确的选择。

不管是情感上的，生活上的，事业上的打击，都不应该成为阻碍我们活在当下的绊脚石，生活会继续，时间也不会为了你停留。“每个人的记忆都是一座沙城，时间腐蚀着一切建筑，你步步回头，可是却只能够往前走。”

享受当下的失败和挫折

一个真实的人生本就是充满酸甜苦辣的，如果没有经历过失败，又怎会觉得成功是一种幸福的喜悦呢？如果没有经历过挫折，又怎会发现自己的渺小？不只是甜的食物会很美味，吃多了同样会腻，其它味道的食物也有属于它们自己的魅力，你无法只吃同一口味的食物，所以，单一的人生也会是无趣的。

遇到挫折，跌倒了，我们就爬起来；失败了，扬扬身上的尘土，我们继续战斗；我们可以在心里给过去留一个位置，但不是用来悔恨，而是用来激励自己。过去的东西已经过去了，不管它曾经是辉煌的，还是落魄的，那都是属于从前的自己，而不是现在的自己。做自己，就应该活在当下。

我们曾见证无数伟人的诞生，但是对于他们的生平，却所知甚少，我们看见了他们辉煌的时刻，却没看到他们背后付出的努力，每一份成功都来之不易。

电影《阿甘正传》中，丹·泰勒中尉是一位出色的军官，可是一次在战斗之中他失去了双脚，绝望的他宁愿选择死去也不愿意被阿甘救出来，沉浸在失去双腿的痛苦之中，他果然变成了一个自己认为的废人。后来在阿甘的劝说下，他终于选择认清现实，两个人一起开始下海从事捕虾行业.

因为没有经验很难抓到虾，他们的事业一开始遭遇重大考验，但是这并不能使得他们两个人放弃，因为对于他来说，比起自己失去的双腿，这点打击根本不算什么。他积极地面对生活，在电影的后半段，虽然他没有再长出自己的双腿，却在身上安上了假腿，也成为了一个富翁，并且拥有一位美丽的妻子。可以说这一切是因为他敢活在当下，面对现实的结果，不难想象，如果他一直沉浸在过去，他一生的时光将会活得十分的卑微与可怜。

活在当下，失败了，落魄了，并不要紧，上天给予你挫折，是想让你成为一个更伟大的人，而并不是让你混混度日，每一份挫折，都是成功的机遇，努力的活在当下，没有任何事情能够打到你。

过去的落魄，不应该影响你当下的生活态度，同样，过去的成就也不是你沉迷其中的理由。这世上有无数的天才，他们拥有超出常人的能力，很轻易就能完成别人完成不了的事，但是，如果不活在当下，他过往的辉煌，财富……都会化为云烟。

别让过去左右当下

方仲永在五岁就能写诗，并且拥有惊人的天赋，但是他没有因为自己的天赋而变成一个成功的人，反而是泯然成为了众人，其原因是他过度消耗自己的天赋，而没有进行学习，久而久之，所谓的天赋也变成了没用的东西。上天给了他一副好牌，可是最后却没能成为人生的赢家，辉煌过后，不是自傲的活着，而是应该更加谦虚内敛，虚心求教。

世上总有你没有攀登过的高峰，所谓的成就也仅仅只是针对从前的自己，而不是现在的自己，活在当下，所谓的荣耀也只是人生的新一个起点，并不是终点。过去的荣耀只是对过去的自己的交代，对于未来的字，才刚刚开始。荣耀只是代表着你过去的收获，更多的收获属于现在的自己去创造。

对于未来自己的最好负责，就是认真地活在当下。不管有怎样的过去，它都已经过去了，人不应该活在过去，为了发挥自己最大的潜能，做出自己最大贡献，是一个人毕生的追求。

幻想是虚无的，现实是真实的，为了理想而活在当下，是真实，活在幻想之中，是一种虚无。虚无会耗尽我们的生命，并且不会长生任何意义。不逃避过去的自己，不逃避自己的责任。“有多大的能力，就有多大的责任。”不焦虑，不恐惧，不害怕失败，才有可能实现理想，才能将理想变成真实而不是泡沫。

活在当下，是对困难的斗争，是想改变生活的决心；是不甘于现状，却又要一步一步脚踏实地的前行，是不好高骛远，也不满于现状得过且过；是不逃避问题，积极面对解决问题；是不止于想，还实际行动。

当下看到的世界就是真实的世界，当下的现状就是真实的现状。活在当下，会使我们不会一直停留在原地，只要脚踏实地，不管速度如何，总是在前进。逃避问题，永远也没办法解决问题，焦虑与恐惧，只会限制住自己的脚步，虚无的生活只会带来空虚。敢于直面现状，利用自己的潜能，给自己带来最好的改变，这就是活在当下。

头脑中装满过去的人，无法容纳未来，改变不了过去，可以从现在改变未来，将过去的痛苦“格式化”，将过去的幸福“优化”，不为无法改变的已经发生的事实而纠结，不为过去的荣耀而过度骄傲，把握今天，就是拥有双倍的明天。

能掌控自己命运的人，从来不期望明天再做出改变，或者活在昨天，掌握命运的人，活在了每一个当下。不去管无法改变的过去，不去深度想未来的变化，而是抓住生活中的每一份机遇，努力的把每一天过得更好，更充实，这就够了。

我们很难去预测未来，我们更难去改变过去，与其花费大量的时间精力去逃避现实的问题，不如脚踏实地的前行，相比一无所获，总是要来得更好一些。

指望命运给你一个更好的开始，指望未来给你带来转机，不如指望自己，做好了自己，也就对得起自己。为自己而活着，为了使自己变得更好，为了成就自己，为了提升自己，是需要付出自己的努力，是需要认清现实，认清自己，是需要意识到这个世界上除了你自己，没人能代替你走过你的一生。

你未来会变成什么样，没人能告诉你，只有时间能够给你答案。而你只需要活在当下，真实的对待生活，面对问题，解决问题，这就够了。

1.8　你就是世界

“你是否习惯了顺从外面世界的时间和速度？在纷繁忙碌的生活里，忽略自己内心的感受？你是否为逃离孤寂而开始一段感情？或因惧怕孤独终老而将就？你是否在“做自己”和

“做他人眼中的你”之间寻找平衡，却总是跟自己的人生采取对抗的态度？

人生这条路有无数岔路口，决定怎么走的是你，还是命运？你是否想不再背负他人的期待去实现一种为自己而活的人生？”

我想，每个人最大的愿望都是活成真正的自己，复旦网红教授陈果曾经这么说过：“现在的自己有人喜欢自己，同样有人不喜欢自己，而如果你活成真实的自己，同样也会有人喜欢自己，有人不喜欢自己，但是，在喜欢自己的人中多了一个很重要的人，那就是你自己喜欢自己。”

所以，活成真实的自己，并没有什么不好，反而会让你更加轻松、快乐。你就是世界，世界就是你。你想要过什么样的人生，是由你决定，而不是由世界决定。

做最真实的自己，也是做最好的自己。在你的世界中，你不需要去逃避，不需要去焦虑，所有的一切都是真实的，没有虚无，你活在当下，也活在了自己的世界之中。

活出真实的自己

你就是世界，你的世界里的一切人际关系，劳动所得，都属于你自己。你的所有荣耀，以及所有挫折，都是真实的。你享受你的劳动所得，也去承担你的社会责任。你坦然接受失败，你优雅地接受成功。你与别人不同，你不是为了别人的意志而活着，而是为了活成自己而活着。

真实，并不代表不会失败，也不代表没有挫折，你按照自己的意志活着，也会迎来世界的挑战，你要去解决它，战胜它，才能完善你的整个世界。没有一个人可以在实现梦想的道路上一帆风顺，挫折是必要的，战胜挫折。

中国女子体操队桑兰1993年进入国家队，1997年获得全国跳马冠军，1998年7月22日，参加第四届美国友好运动会的练习中不慎受伤，造成颈椎骨折，胸部以下高位截瘫。2002年进入北京大学新闻系攻读学士学位，2007年7月。从学校毕业。2008年成为北京申奥大使之一，同年担当北京奥运官方网站特约记者。

在人生的道路上，挫折是在所难免的，选择面对，选择去挑战挫折，才应该是我们内心真实的想法，而不是选择逃避，也不要太在意别人的眼光，因为畏惧人言而永远无法从失败中战起来，过去的都已经过去，重点是活在当下，活在真实的世界之中，你的世界可能会有危险，可能会有挫折，但是那又怎么样呢，你的世界你做主，挫折和阻碍只要去打败它就行了，你应该成为一个你想成为的人，而不是被挫折打败。

一生中失败的次数可能远远超过成功，一件新事物的出现必然伴随着无数的探索与专研，失败不可怕，可怕的是因为失败而丧失了那颗勇敢无畏的心，丧失了坚持的动力，不坚持到最后一步，永远不知道成功会带来怎样的改变。做自己，你就是世界，对于世界中发生的小波折，你需要去解决它，不然辛苦建立的世界就会毁于一旦，你是你的世界的掌控者，那你就有责任维护你世界的和平，你不仅拥有改变他们的权利，你也必须承担保护他们的义务。

没有一个人可以替代你

你有你的坚持，你的想法，那就不应该被别人所左右，你不需要依附别人而活着，所以你就不需要按照别人的意志而生活。你不需要做别人眼中的自己，只要做自己眼中满意的自己就够了，你永远也无法满足所有人，无论你成为一个什么样的人，都会有人排斥你，同样，无论你在别人眼中是怎样不好的存在，也同样会有人认同你，至少还有你自己。

你不需要每天靠着别人的评价而活着，你也不用按照别人给你安排好的人生按部就班地进行，你要做的只有一件事，那就是做自己。做真实的自己，意味着你就是你的全世界，一切以对你有益的方向发展，任何会阻碍自己变好的，去解决它，去消灭它。

你会发现，生活其实并没有那么复杂，真实的世界其实很美好，你以前的烦恼可能都消失了，不再困扰着你。你不因为害怕失败而不敢行动，也不因为人言而放弃自己的坚持，你将你自己做的最好。难道这样的自己你会不喜欢么?

世界是一个巨大的染坊，里面充斥着各式各样的个体，你无需做的和哪一个人一模一样，因为无论如何，你代替不了他，而他也代替不了你，你最终能做的只有你自己，所以，无论别人的现状如何，那和你没有丝毫的关系，他有他的作用，而你也要你的价值，你的价值是你自己的，而你也不用去羡慕别人。

每个职业有他的社会价值，所以，只要认真的做好的自己的工作，这就能收获真实的价值，真实的快乐；每种工具都有它不同的用途，菜刀不能掏耳朵，铁锤不能切菜。同样，你也没有必要去羡慕某些人的能力，在你的世界中，你是无所不能的，和别人比较，不是真实的对待自己，和自己比较，只有自己才是自己的敌人。这个世界上只有一个人能够成就你自己，那就是你自己，同样，这个世界上也只有一个人能够毁掉你，那也是你自己。

你就是世界，你有你独特的价值和魅力，做一个真实的人，活在当下，并不会有什么不好。你的价值不需要通过别人认可，你的作用也不是从别人口中说出来的，你能够做到看到每天更好的自己，这才是对自己的负责。过程沉浸在别人的言语之中，只是使你迷失了自己，成为别人想要你成为的人，过程难而艰辛，而且付出了巨大的努力换来的只是别人眼中的满意而已。

在别人眼中，你是一个成功的人，可是，或许，你并不快乐，因为你变成了一个满足别人意愿的人，别人还是会对你提出其他的要求，因为为了维持住这份所谓的来之不易的“成功”，你的选择依然只是委屈自己，去做自己不愿与去做的事。

我想，这不应该成为一个人毕生的追求，每个人都应该为了活得更像自己而努力，而不是活成别人眼中的自己。他连自己的世界都无法去构建，完全丧失了自己身为一个独立个体的魅力，或许在别人眼中，他是成功的，但是在他自己眼中，却只会是一个不敢坚持自己想法的懦弱者，一个没有思想的机器。

世界上不乏天生就有数不尽财富的人，但是这并不能影响他们以他们自己的方式去为这个世界创造属于自己的价值。世界需要科学家，需要艺术家，同样也需要其他各行各业的人，不能因为想要成为别人眼中的成功者，就去选择自己不喜欢不愿意的东西。做自己，即使是一个垃圾分类者，也会意义非凡，不久前，网络上一个垃圾分类者突然火爆整个网络，他就是沈巍，沈巍用自己的行动向所有人证明，只要做好自己，自己就会是全世界。

第二章　勇敢

2.1　勇敢激荡澎湃生命

拿破仑曾说："勇敢是一种基于自尊的意识而发展成的能力。"西方认为，勇敢是敢于提出自己的主张，轻松拒绝别人的不当要求，赞美之词张嘴就来，非常洒脱。因此，大多数外国人在我们看来都是无比的自信，坚信自己是正确的，做自己愿意做的事。

而中国从古至今，推崇的勇敢的定义则是：在面临生死考验，危险来临时，临危不惧，敢于直面一切问题。鲁迅曾在《记念刘和珍君》一文中指出："真的猛士，敢于直面惨淡的人生，敢于正视淋漓的鲜血。"

勇敢在每一个人心目中可能都有不同的定义，但必须认识到，一个人只有在做到真实之后，才有可能勇敢，才能勇敢地去面对、奋斗，最终达成更好的自己，而不是沿着不真实的、虚妄的岔道沉沦下去。

所以在我看来，今天谈勇敢，其实不一定是面临大事时的勇敢，更在于日常小事的勇敢，是不逃避、不退缩、不沉沦，是面对困难时的迎难而上，是认清现实后的努力上进。

一个勇敢的人生，是生命澎湃的一生，是别具价值的一生。因为有了勇敢，才使我们知道了人生奋斗的方向。

什么是勇敢?

在西方国家，最出名的院校莫过于哈佛、剑桥、牛津等，但是在他们的观念里面并不是上最好的大学才才是最值得追求的，他们反而会选择一些自己感兴趣的学校和专业。这点在国内则有较大差异，几乎每一个高中生最想去的大学都是北大和清华，最想要做的工作是公务员，所以每年公务员的考试都会涌现出很多很多人。

在中国，人们对于勇敢的定义往往来自那些英雄，比如消防员，冒着生命的危险从火场里面救人；再比如，刘胡兰在面临生死考验的时候选择的是牺牲……中国人认为的勇敢有点类似于英雄主义，在这些英雄的身上能看到的闪闪发光的优点。

勇敢对于每个人而言都有不同的定义，我们不必去模仿，而是应该清晰地认识自己，跟风从来不是勇敢地表现，懦弱也不是。但是，可以肯定的是，不管你对于勇敢地定义是什么，你一定要具有一个品质：敢做敢当。

无论你是敢提出和别人不一样的观点，还是敢于面对别人所恐惧的，你都需要做到的是敢做敢当，为自己的行为负责，为自己的理念和梦想所奋斗。

如果你提出了一个观点，但是却没有用自己的实际行动去证明它，人们不会认为你勇敢，反而会觉得你只会说空话，所以对你不屑一顾。如果你总是向别人吹嘘，却在问题真正来临的时候，选择了逃避和背叛，那你也只配成为懦夫。

因此我认为，勇敢的定义应该是这样的：一个人敢于提出不同的观点，敢于面对真正的困难和灾难，敢做敢当，这就是真正的勇敢。尤其是，勇敢不是喊口号、抓典型，而是要融入到日常的细微生活细节之中，对每一个困难亮剑，并对因此产生的结果负责。只有这样，一个人才能积小勇敢为大勇敢，成为真正勇敢的人。

勇敢要求我们，在真实的认识和接受自己后，能够勇敢地迈出脚步，勇敢地面对生活中的各种困难，以及社会上的各种问题和陷进，相信通过努力、奋斗能让自己变得更好，达成心中的目标。这样的勇敢，不仅能够让个体变得更好，也能够让社会变得更好。

为什么要勇敢？

对于每个人而言，勇敢都是不可或缺的，勇敢是人的立足之本。一个人如果失去了勇敢会怎样？对于西方人而言，如果你失去了勇敢，那么你可能一辈子一事无成，只能踩在别人的影子上生活，度过别人已经度过的生活，却没有享受到别人享受到的快乐。

对于中国人而言，如果你失去了勇敢，你将很难被人看得起，人们往往不愿意与一个没有骨气的人交往，如果你在面临任何问题选择的都只是逃避，那么谁愿意与你成为朋友与知己呢？

如果你做不到敢做敢当，你就是一个只会吹嘘的人，在没有波折的时光中，你或许不会毕露原形，当问题来临，你立马就成为了滥竽充数的南郭先生。

勇敢的人，从来不会去抱怨人生，从来不会因为别人行为而动摇自己的内心，从来不会将责任推给别人。他们要去实现的，是别人所不能达到的，他们要去面对的，是别人不敢接受的，他们能够做到的，是别人所要赞叹的。

1519年9月，航海家麦哲伦率领探险船队分乘5艘帆船从西班牙出发，向西南穿越大西洋，绕过南美大陆南端的海峡，进入太平洋。1521年3月，船队到达菲律宾群岛，麦哲伦因介入岛上部族纠纷，被当地居民杀死。最后，船队只剩下1艘帆船和10多名船员。他们向西穿过印度洋，绕过非洲南端的好望角，终于在1522年9月回到原出发地西班牙。麦哲伦船队首次完成了绕地球一周的航行。

勇敢让人敢于质疑世界，敢对世界说不，麦哲伦用自己的实际行动第一次身体力行地向人们证明了地球是圆的。

勇敢，让人实现了人生的价值。中国历史上第一位成功地治理黄河水患的治水英雄大禹，在帝尧时期制止了黄河流域的洪水；司马迁在面临宫刑的情况下写下了“史家之绝唱，无韵之离骚”的《史记》；周恩来总理，“为了中华之崛起而读书”……

在面临巨大困难的挑战下，中国的先辈们都身体力行地向我们证明了，只有勇敢地去面对惨淡的人生，才能让自己的生命澎湃，富有价值。

勇敢，是人最终成功的关键。曾今，有一个人创办了一个私人银行，由于经营不善，银行面临破产，他自己也负债累累。按理说，这个时候，公司已经宣布了破产，那么那些所存款的人的钱他也没有必要去偿还。但是，他认为这不是一个该做的行为，因此他默默记下了所有存款人的名字，勇敢地选择去偿还这一切。数年后，他经过持续不断的努力，终于还清了所有欠款，银行也得以重生，比以前更加的成功。

我想，这就是真正的勇敢吧，为自己的行为负责，敢做敢当，上天是不会辜负这样的人的，必然会让他闪闪发光。

勇敢，能塑造一个有价值的人生，更能让生命澎湃飞扬。我们选择了勇敢，就应该不畏惧别人的眼光，就应该不逃避现实，就应该不推脱责任。这样的人，还会害怕不成功么?

我们的一生是为了来完成我们来到地球的使命，是为了实现我们自己的价值，是应该激荡澎湃的度过，而不是碌碌无为，怯怯懦懦。

选择勇敢地去对待自己的人生，是对自己的负责，也是对使命的负责，为实现自己的价值而活着，而不是为了谋生而去曲意逢迎。夸夸其谈从来都不应该是人的行为准则，脚踏实地的去面对问题，解决问题才是正确的人生法典。

每个人都拥有过自己的想法，碍于世俗与权威，人们渐渐失去了自己的坚持，这是屈服于命运，却是对自己的不尊；每个人都曾面临挑战，有的人选择直面困难，有些人却选择了逃避，勇敢的人最终成就了自己，怯懦的人最终在命运中迷死，只留下躯壳。

你敢不敢对命运发起挑战？用灵魂的力量去征服它，用勇气的能量去挑战它。你是否渴望激荡澎湃的生命，你是否想要问鼎巅峰，你是否想要成为一个自己想要成为的人，过想过的人生?

如果答案是肯定的，那么，请拾起你的勇敢之心，去质疑这个世界，去挑战这个世界，去成就这个世界。

人的一生，不应该在碌碌无为中度过，而是激情澎湃；人的认知，不应该止步不前，而是勇敢地去探索；人的精神，灵魂，应该用勇敢的力量去磨练、去升华。我们不希望活成别人的影子，我们应该去塑造属于我们自己的澎湃人生——而在这个过程中，勇敢将是你最佳的伴侣。

当然，无论是重要时刻的大勇敢，还是日常生活中的小勇敢，做起来都是不容易的。趋利避害是动物的本质特性，人类作为最高等级的灵长类动物，最容易在需要勇敢时做出最让自己舒服的选择——这种选择的结果很多时候就是趋利避害，就是妥协。

然而，人类毕竟不同于其他生物，我们不是简单为了生存而来到这个世界，我们的到来是为了改造和创造更好的世界。所以，我们需要打破桎梏，走出舒适区，我们要让自己变得勇敢、勇敢、更勇敢。

那么具体该怎么做到勇敢，让勇敢激荡澎湃生命呢？笔者将在下面的章节中与您详细分享。

2.2　找回勇敢的心

勇敢存乎一心，年纪越大越是怯懦。蒙田说过，“谁恐惧，谁就要受折磨，并且已经受着他的恐惧的折磨”。有人会说，天不怕地不怕那是因为年少轻狂，随着时间的流逝，年龄的沉淀，人总要学会长大。

但是，长大意味着要更加的勇敢，勇敢地面对生活，勇敢地面对困难，勇敢地承担起责任。勇敢并不是逞匹夫之勇，这也不是怯懦的推辞。勇敢是拼搏向上拥有一颗不服输的意志，也是拿得起放得下的心态，以及直面苦难不退却的一颗责任心。

今天的人们不勇敢，很大程度上是因为不能做到真实。勇敢的前提必须是真实——真实地认识自己的优缺点、接受和肯定自己的优缺点，进而认识真实的客观环境，然后才会产生勇敢的动力。

勇敢不一定是大事的勇敢，更在于日常小事的勇敢，是不逃避、不沉沦，是认清现实、努力上进。因为一点点的勇敢、一步步的勇敢，是几乎所有人都能够做到的，每一个人都可以在真实的认识之后勇敢地做出应对之策。

不积跬步，无以至千里，日常里的一个个小勇敢，最终会造就关键时刻的大勇敢，直到把你变成一个勇敢果决的人。

勇敢是成功的必需品

“勇敢地面对困难，不达目地绝不罢休”，卡耐基克里蒙·史东就是这样的人。最后他成为了美国最大的商业巨头之一，”联合保险公司”的董事长也被称为“保险业怪才”。

他幼年时家徒四壁，很小他便能体恤母亲的辛苦，有一次他走进一家店里卖报纸，气恼的餐馆老板一脚把他踢了出去，可是史东只是揉了揉屁股，手里拿着更多的报纸，又一次溜进餐馆。那些客人见到他这种勇气，终于劝主人不要再撵他，并纷纷买他的报纸看。史东的屁股被踢痛了，但他的口袋里却装满了钱。

很多时候，你的勇气不仅仅只是打动别人，也能激励自己，当你确定了想要做什么，就要抱着不达目的决不罢休的意志力去执行，哪怕会有羞辱，痛苦，沮丧，也应该坚定住自己的心，一颗勇敢的心，在何时何地都不放弃。

德国历史上第一个女总理安格拉·默克尔，2005年11月安格拉在竞选中击败了德国前任施罗德获得成功，当记者问她是如何坚持到最后取得胜利的？她笑着说，想起自己小时候跳水，当烦恼某事没有什么进展的时候，不要停下颤抖的双脚，迈进一步，只要一步！默克尔的这一步，同时也是她人生中的一大步。

即使双腿依旧颤抖，但是一步之遥却是天翻地覆，崭新的天地。她勇敢的迈出去，如同她勇敢的探知着迷一般的世界，最后她成为了一个划时代的人物。很多的时候，我们都会有恐惧，都会遇到逆境，如果你能勇敢的迈出这一步，你已经成功得获得了一颗勇敢的心。

意大利文艺复兴时期，伟大的科学家鲁诺勇敢的捍卫了科学的发展，东汉时期董匡惩治了长公主和恶仆，哥白尼面对火刑的时候毫不退缩，为真理献出了宝贵的生命，海瑞批判嘉靖皇帝的奏表……

莎士比亚说过“畏惧敌人徒然沮丧了自己的勇气，也就是削弱自己的力量，增加敌人的声势，等于让自己的愚蠢攻击自己。畏惧并不能免于一死，战争的结果大不了也不过一死。奋战而死，是以死亡摧毁死亡，畏怯而死，却做了死亡的奴隶。”

1916年，在丰都激战中，年仅24岁的刘伯承右眼负伤。为了不影响脑神经，他要求在不使用麻醉剂的情况下，直接把料肉和新生的息肉一刀刀割掉，以便摘除坏死的眼球。手术台上，一向镇定从容的德国军医活克双手却有些颤抖，额上汗珠滚滚，护士帮他擦了一次又一次。刘伯承躺在病床上，一声不吭，他的双手紧紧抓住身下的白垫单，手臂上汗如雨下，青盘筋暴起。他越来越使劲，崭新的白垫单居然被抓破了……

手术完毕，脸色苍白的刘伯承告诉活克：“我刚才一直在数你的刀数。”活克吓了一大跳：“我割了多少刀?”“72刀。”活克惊呆了，失声嚷道：“你是一个真正的男子汉，一块会说话的钢板!”

患难可以试验一个人的品格；非常的境遇才可以显出非常的气节，风平浪静的海面，所有的船只都可以并驱竞争；命运的铁拳击中要害的时候，只有大勇大智的人才能够处之泰然。

一位叫马维尔的法国记者去采访林肯。问：“据我所知，上两届总统都想过废除黑奴制度,《解放黑奴宣言》也早在他们那个时期就已草就，可是他们都没拿起笔签署它。请问总统先生，他们是不是想把这一伟业留下来，给您去成就英名?”

林肯说:“可能有这个意思吧。不过，如果他们知道拿起笔需要的仅是一点勇气，我想他们一定非常懊丧。”马维尔还没来得及问下去，林肯的马车就出发了，他一直都没弄明白林肯这句话的含意。直到林肯去世50年后，马维尔才在林肯致朋友的一封信中找到答案。林肯在信中谈到幼年 时的一段经历。

“我父亲在西雅图有一处农场，上面有许多石头。正因如此，父亲才得以以较低的价格买下。有一天，母亲建议把上面的石头搬走。父亲说，如果可以搬，主人就不会卖给我们了，它们是一座座小山头，都与大山连着。有一年，父亲去城里买马，母亲带我们在农场里劳动。母亲说，让我们把这些碍事的东西搬走好吗？于是我们开始挖那一块块石头。不长时间，就把它们给弄走了，因为它们并不是父亲想象的山头，而是一块块孤零零的石块，只要往下挖一英尺，就可以把它们晃动。”

林肯在信的末尾说，有些事情一些人之所以不去做，只是因为他们认为不可能。其实，有许多不可能，只存在于人的想象之中。

勇气决定事业的高度

你拥有多大的勇气决定了你能够成就多大的事业，往往拥有勇气的人才能拥有机遇。自信充满勇气的人，无论何时何地，都不会为困难所屈服；不屈服的人总是拥有吸引人的人格魅力，有勇气的人拥有的人格魅力不能小觑。

你相信奇迹吗？你相信又聋又哑的人也能成为作家吗？有的，这个人便是伟大的海伦凯勒女士。她在一岁多的时候，因为生病，从此眼睛看不见，并且又聋又哑了。由于这个原因，海伦的脾气变得非常暴躁，动不动就发脾气摔东西。她家里人看这样下去不是办法，便替她请来一位很有耐心的家庭教师苏丽文小姐。海伦在她的熏陶和教育下，逐渐改变了。

她了解每个人都很爱她，所以她不能辜负他们对她的期望。她利用仅有的触觉、味觉和嗅觉来认识四周的环境，努力充实自己，后来更进一步学习写作，著名的《假如给我三天光明》就是在这种情况下写出的。

我在大学毕业时从四家全球500强企业的Offer中选择通用汽车，很多身边的人都认为我得到了一个很好的工作，但我心中明白这不是我最终的归宿。当时我清楚地知道，外企的工作机会，对大多数无背景无资源的年轻人来说，不足以支撑在上海这样的大都市成家立业，更不用说追求更高目标的人生。

于是在通用汽车工作不久后我就放弃了别人艳羡的机会，凭着一腔勇气和热血选择了创业。在第一次创业失败公司宣布破产后，我手上已经没有钱了。我用信用卡透支，结清了所有员工的工资。付完工资的第二天，我吃饭的钱都没有了，饿了一天的肚子。但即便在那样的情况下，我也没有气馁，没打算回到企业去上班，而是开始谋划下一次创业。

勇敢的心，会支撑一个人在危难或关键时刻，做出义无反顾的选择。无论是成功的事业还是成功的人生，都存在很多需要勇气去克服和冲破的难关。当面对这些难关时，勇气是一个人最好的伴侣——没有勇气的人选择放弃，有勇气的人选择继续。两种选择，两种结果，最终只有那些充满勇气的勇士，站在了代表胜利和荣誉的最高峰，最大化地实现了人生的价值。

真的勇士都有一颗真正勇敢的心，愚勇的人则当危难未来之时，激昂急躁，情不自禁，而在危难之事临头时又销声匿迹，热血冰销。勇气是我们生活中必不可缺的，如果你怯懦你将会越来越怯懦，但是你只需要向前一步，将会收获天差地别的喜悦，那种喜悦是勇气获得的满足。

正如歌德所说，“你若是失去金钱，也许只会失去一点点，如果你失去荣耀，那会失去很多，但如果你失去勇气，你将失去一切”。

勇气不怕失败，失败之后沮丧是一时的，但是沮丧过后更多的是应该鼓起在次前进的勇气。勇气是成功的钥匙，而困难是成功的大门，当你用勇气穿透困难的大门时，你就看到了最和煦的朝阳。

2.3 锻炼你的无畏精神

鲁迅曾经说过“卑怯的人，即使有万丈的愤火，除弱草以外，又能烧掉什么呢?”一个人如果没有无畏的精神，那么将永远只是一个弱者。

古往今来，每一个成功者都具有大无畏的精神，正是因为这种精神，成就了他们和他们为世界留下的丰功伟绩。特别是那些开宗立派的伟人，敢于挑战、无所畏惧是他们共有的标签。

公元前496年，吴王阖闾派兵攻打越国，但被越国击败，阖闾也伤重身亡。两年后阖闾的儿子夫差率兵击败越国，越王勾践被押送到吴国做奴隶，勾践忍辱负重伺候吴王三年后，夫差才对他消除戒心并把他送回越国。

其实勾践并没有放弃报复仇之心，他表面上对吴王服从，但暗中训练精兵，励精图治并等待时机反击吴国。越王勾践二十四年攻破吴都，迫使夫差自尽，灭吴称霸。随后勾践以兵渡淮，会齐、宋、晋、鲁等诸侯于徐州，迁都琅琊，成为春秋时期最后一位霸主。

正是凭借着这股无畏的精神，才使得越王勾践成功将吴王打败，完成了国家的复仇。这样的大无畏精神，不止塑造了勾践，而是一个又一个的灵魂人物，那么，身为普通人的我们，是否需要拥有这种无畏的精神?

无畏是成功的必备要素

司各特说："在胆小怕事和优柔寡断的人眼中，一切事情都是不可能办到的。"可见如果一个人没有了无畏精神，那么即使是小事，那么他也很难完成。

当你需要完成一个任务的时候，你必须拥有无畏精神，来面对这件事情所带来的繁琐，劳累……否者，你无法完成这个任务。

秦王嬴政13岁就成为了皇帝，这对于绝大多数人来说，是毕其一生，也不可能达到的成就。可是，在他的一生中，从不安于现状，而是将国家统一作为自己一生的奋斗目标，终于黄天不负有心人。公元前230年至前221年，秦王先后灭韩、赵、魏、楚、燕、齐六国，39岁时完成了统一中国大业，建立起一个以汉族为主体统一的中央集权的强大国家——秦朝，并奠定了中国本土的疆域。这样的丰功伟绩，才使得他从中华五千年的历史长河中脱颖而出，放眼整个封建制度下的帝王，嬴政无疑是最成功的之一，统一了中国。

19世纪初，人们开始使用煤气灯，但是煤气靠管道供给，一旦漏气或堵塞，非常容易出事，爱迪生和梦罗园的伙伴们，不眠不休地做了1600多次耐热材料和600多种植物纤维的实验，才制造出第一个炭丝灯泡，它可以一次燃烧45个钟头。后来他在这基础上不断改良制造的方法，终于推出可以点燃1200小时的竹丝灯泡。

爱迪生为此做了1600多次试验，才发明了成熟的灯泡，假设他因为中途过于繁琐或者辛苦而选择放弃的话，人类将会更晚见识到黑暗中的光明，而正是因为拥有了这种无畏的精神，爱迪生也因此被存留青史。

无畏的精神能够将一个人带向成功，去锻炼你的无畏精神，去走向成功。有些人可能说，时代永远属于年轻人，“长江后浪推前浪”。那么，无畏的精神是否“老了”就不需要了？

“凭谁问，廉颇老爷，尚能饭否？”廉颇即使在已经步入老年，但是对于国家的忧虑却远远没有停止，想要再次回到战场，为自己的国家冲锋陷阵。

所以，如果你还年轻，那么你没有什么可畏惧的；如果你现在已经不再年轻，也请你不要放弃对命运的追求，对成功的渴望——你那颗蒙了尘的无畏之心还等着你去锻炼。

当然必须意识到，无畏不是盲目的，不要做无知的无畏。我想强调的无畏精神，也是建立在真实的基础之上的，是一个人基于对自己和周遭环境的正确认识和肯定接受之后，做出的自然而向上应对。反之，无知的无畏只能是匹夫作为，好似无头的苍蝇乱飞乱撞，与成功背道而驰。

平凡人也可以因无畏而成功

现实中有些人混沌度日，因为自己出生贫寒，或者知识面较浅，或者因为不善于交谈，缺乏无畏的精神，长期以来的经验告诉他们，即使他们再怎么拼搏，他们都与成功人士无关。

那么，无畏的精神是否因为起点太低，或者天赋太弱而没有意义？

挫折能让一个人走向沉默，也能把一个人打造的光芒四射，告诉别人生命的力量就是不顺从、不屈服、不气馁、不颓废、不示弱。

新东方的校长俞敏洪出生于江苏省的一个普通农村家庭。1976年，初中毕业，并没有考上高中，选择回了农村。1978年高考落榜，1979年高考落榜，1980年才顺利考入北京大学西语系。

经过了相当漫长的一段时间，俞敏洪都在学校上学或者任教，直到1993年，才创立了北京新东方学校，2006年9月7日，新东方在美国纽约股票交易所正式挂牌上市。在他成功的路上，可谓是一路阻碍，只要其中一次他选择放弃，都不可能拥有现在的成功。

即使出身低微的人，成功也绝没有放弃你，只要你不断去锻炼你的无畏精神，敢于冲出来，那么，总有一天成功也会眷顾到你的头上。

或许有的人会说："成功对于起点较低的人，是拥有很强的吸引力，但是有些人生下来就已经坐拥一切，无论是金钱，爱情，权利，他们都已经早已拥有了，那么，他们还需要这种精神吗?"

没有伟大的意志力，就不可能有雄才大略。即使一个人生下来就坐拥一切，但是，这并不代表他就是一个成功的人，一个成功的人，是要经过自己奋斗，通过无畏的精神去和命运去做斗争，那样才会使自己的人生得到升华。

在今天，有这样一个人物——宗庆后。1979年，娃哈哈的老总宗庆后因为文化程度太低当不了教师，被安排在一所小学里当校工。1987年，当42岁的宗庆后拉着"黄鱼车"奔走在杭州的街头推销冰棒时，可能很多人都不会想到，仅仅在十多年后，由他一手缔造的娃哈哈集团会成为中国最大的饮料企业。

即使起点平凡并已经不再年轻，宗庆后也没有选择诚服于命运，而是冒着巨大的风险，在所有人不看好的情况下，成功完成了逆袭，而这种得来不易的成功，正是因为他对生活，对命运的大无畏精神。

1938年，三星集团还只是一个商会，而到了1951年1月，李秉喆所带领的三星物产成立，彼时三星已经成长为一个专做进出口贸易的很大的公司。可是，他们并没有停下脚步。在后来的几十年里，三星先后在毛织、保险、造纸、医院、电子产品等诸多行业上取得了巨大的成功。正是凭借着这样的无畏精神，才能使得现在的三星成为全球都不容忽视的一个经济体。

今天的华为，最开始也是由一帮普普通通的技术人员创立的。1987年，工程兵出身、已经43岁的任正非集资2.1万元在深圳创立了华为公司。经过30年的奋斗，华为由一个小作坊成长为全球通信技术行业的领导者和世界500强排名前100内的企业，业务遍布全球170多个国家和地区。

在华为的成功要素中，任正非不止一次提到无畏。当时华为做通信设备，所面临的对手都是美国大公司，其中巨无霸思科曾一度是市值最高的科技企业。但是任正非无所畏惧，从代理商做起，先把公司和员工养活。

但他志不在此，在看到海外公司对程控交换机的垄断后，他毅然决定做研发……结果相信大家都看到了，任正非的无畏战胜了强大的对手，今天的华为反过来成了美国政府最惧怕的对象。

总之，无论你的出身是平凡还是高贵，只要你志存高远想要干一番事业，你就应该无所畏惧，迎难而上，勇往直前。锻炼你的无畏精神，无论你现在身处何处，境遇如何，锻炼无畏精神对于成长而言无疑是必需品。

“英雄就是对任何事都有全力以赴，自始至终，心无旁骛的人。”每一个人都渴望成功，渴望得到重视，渴望在自己短暂的一生中留下痕迹，所以，请拾起你那颗无畏之心，去锻炼他，去努力地追求自己想要的东西，去完成自己想做的事。

2.4 选择艰难之路

保尔柯察金曾经说过：“人最宝贵的是生命。它给予我们只有一次。人的一生应当这样度过：当他回首往事时不因虚度年华而悔恨，也不因碌碌无为而羞耻。这样在他临死的时候就能够说：‘我已把我整个的生命和全部精力都献给最壮丽的事业。’”

不管你现在年龄多大，从事什么行业，你都应该选择一条看起来比较艰难的路，因为人的一生不会是一直是坦途，而你也不应该选择平庸地度过一生。

不同的人所处的环境虽然不同，但是他们都会面临人生的抉择，而有些抉择会迫使他们不得不勇敢，不得不磨练，因为磨练会使得他们变得更加勇敢，而勇敢之后才能博出更美好的人生。

选择艰难之路，是锻炼勇敢的最佳实践，也是通往更美好人生的必然。正所谓“夫夷以近，则游者众；险以远，则至者少。而世之奇伟、瑰怪，非常之观，常在于险远，而人之所罕至焉。”

人生需要迎难而上

“大自然把人们困在黑暗之中，迫使人们永远向往光明。”海伦·凯勒在很小的时候生了一场大病，变成了一个看不见也听不见的小女孩。可是最终她却成为了一个美国著名的女作家、教育家、慈善家、社会活动家。

是什么使得这样一个残疾的小孩子最终获得如此巨大的成就，让我们这些即使身体健全的人都只能望其项背？

是勇敢，是磨练，是敢于选择艰难之路的勇气。

你对自己的生活满意么？你有面对一切困难的能力么？你敢于向命运发起斗争么？我们都是这个世界的产物，我们应该让这个世界记住我们生活过的痕迹，为此，我们都需要奋斗，都需要勇敢，去选择一条看起来艰难的路途，来完成自己的理想。

爱因斯坦曾说，“每个人都有一定的理想，这种理想决定着他的努力和判断的方向。就在这个意义上，我从来不把安逸和快乐看作是生活目的本身——这种伦理基础我叫它猪栏的理想。”

这种理想，每个人都曾经有过，可是，不少人已经将他放弃，甚至尘封在自己的心里，直到死去那一刻，才感觉到自己的一生看似圆满，尽力讨好每一个人，但是却充满了后悔。如果你不想你的人生充满遗憾，带着后悔离开这个世界，那么，请捡起你那颗勇敢的心，去直面，甚至去主动选择一条艰难之路。

很多人在逼不得已的时候选择了这条路，无数的打击与现实压垮了他们，于是他们混沌度日，很多人带着自己的理想开始打拼，但是却受不了这条艰难之路所带来的寂寞和艰辛。所以，他们失败了，他们是弱者，而成功，永远只属于强者，属于那些勇敢，越磨练越勇敢的人。

一位退休的老船长在讲述一生航海历程中，遇到种种多姿多彩的奇遇。曾经有人问过他："如果您的船行驶在海面上，通过气象报告，前面的海面将会有一个巨大的暴风圈，朝着你的船迎面而来，你会怎么处置？"老船长先反问他们："你们会如何处置？"

一部分人选择了掉头而走，一部分人选择了左右掉转九十度迅速离开。可是老船长却告诉他们，当你掉头的时候，暴风圈和你的船正面接触的时间延长，这样你的危险反而大大增加，而左右掉转指挥使得船身整个侧面都暴露在暴风雨的肆虐之下。

而最安全的做法反而是抓稳你的船舵，让你的船头不偏不倚的迎向暴风圈。唯有这样做才可以将船与暴风圈的接触面积化为最小，而且还能减少暴风圈解除的时间。

所以，当困难来临的时候，逃避和躲闪都是没有意义，且不能解决问题的，真正能拯救自己的，就只有直面困难，勇敢地面对，去对抗这条艰难之路，在这条路上不断磨练你的勇敢。这样，当你走出这条路之时，你会发现前方一片光明。

也许有人会问，人的一生一定要经历这些困难才需要勇敢吧？平淡的日子远远多于困难的日子，日常的琐事并不需要我们花费太多的精力去对抗，很多人就此度过了平凡的一生，没有遇见过困难，他就不需要勇敢了么？

理想需要砥砺前行

不是每个人都是海伦·凯勒，也不是每个人都需要经历海浪，那么，勇敢是不是就毫无用处？笔者今天开始阐述的第二个观点：在平静的日子里，也要勇敢地选择一条艰难之路，不是为了克服苦难，而是为了自己的理想和追求。

生活不总是大风大浪，大多数时候都是平静，如何在平静中寻找真我，实现自己的价值，是大多数人共同面临的问题。理想难以实现，你需要不断地磨练自己的勇气。“人的活动如果没有理想的鼓舞，就会变得空虚而渺小。”

我们现在所从事的工作，是为了维持我们在这个地球上所生存的本钱。但是，你有没有想过，生存之后呢？你对于精神上的需求得到满足了么？我们是在这个地球上生存了下来，可是，我们和机器又有什么差别呢？所谓的工作不就是和机器人一样，完成了电脑操控的指令一般。

如果在工作之位，或者在工作之中，有你所追求的东西，那么这一切都将变得不一样了。

科学家致力于科学研究，夜以继日的工作，绝大多数时候的工作都是毫无意义的，甚至工作了几十年，依旧没有取得任何进展。可是，他们的精神却得到了满足，因为他们一直都在追求自己想要得到的东西，而这种东西，我们称之为理想。

你是否是为了这种叫理想的东西在工作呢？如果是，那么你已经成功踏上了艰难之路，接下来，你需要做的就是勇敢去面对。

居里夫妇犹如在梦境里一般，忘却了时间，不论严冬或盛夏，不分黑夜和白天，整天紧张地工作，整整花了45个月的劳动，经过几万次的提炼，终于成功地获得了10克纯镭。他们每天的工作可是说很简单，也可以说很困难，困难在于坚持，而这种坚持源于勇敢，而这种勇敢源于追求。

你是否在精神上得以满足，取决于你是否拥有这种追求，以及为这种追求而勇敢地选择了一天艰难之路。

唐三藏西天取经的故事已经是家喻户晓，为了取到真经，历经了九九八十一难。一个受人敬仰的高僧，为了追求更高的成就，选择了这艰苦之路，遇到的困难和苦难可以说是唐三藏从来没有想象过的，可是，他却从来没有退缩。

他不是一个本领很高的人，但是，却是一个敢于直面苦难之人，几个徒弟都有想过要放弃，反而是他，一个手无缚鸡之力的和尚，带领他们终于来到西天，取回真经。

你现在拥有什么或者处于什么样的境遇，那都不重要，重要的是，你是否敢于选择一条艰难之路，并且勇敢的走下去。

“如果一个人不知道他要驶向哪个码头，那么任何风都不会是顺风。”请不要轻易忘记自己最初的追求，也请不要轻易放弃你的追求，请不要害怕勇敢面对会到来的苦难，也请不要为了谋生而失去自己的初心。

生活或许会过得不如意，但是人生一定要圆满；理想或许不会太伟大，但是一定不要放弃坚持；艰难的路或许不太好走，但是相信在通过之后你会骄傲地满足。

2.5 向每一个“敌人”亮剑

拿破仑曾说过：“最困难之时，就是离成功不远之日。”所以，如果你身处困境，那么，请不要绝望，甚至应该高兴，因为你离成功已经不远了。

几乎每一个人，都没办法逃避来自各方各面的压力与苦难，逃避和躲闪的人永远也没有办法解决问题，而解决问题的办法，永远只有一个，那就是，向每一个“敌人”亮剑。

养活自己困难么？创业困难么？破产之后东山再起困难么？困难！难道因为困难我们就不去做了么？我们只会也只能去直面困难，亮出我们手里的剑，斩断这些“敌人”。

生活就是这样，我们别无选择。我们每天忙碌工作、生活，我们去适应这个世界的生存法则，也不断接受命运给我们带来的挑战，有些挑战很容易，有些挑战很困难，但同样的是：他们从来不容许我们逃避。

成功都需要直面困难

我们都知道有一位伟大的物理学家——斯蒂芬·威廉·霍金。在1963年，21岁的霍金患上肌肉萎缩性侧索硬化症，全身瘫痪，不能言语，手部只有三根手指可以活动。

这对于一位物理学家，甚至是一个普通人，是多么沉重的打击，很多人可能从此一蹶不振，甚至提前离开了这个世界。可是，被医生宣告只有两年寿命的霍金一直活到了76岁，并且将举世闻名的《时间简史》奉献给全人类。

霍金的成就归功于他的勇气，他那种敢于直面苦难的勇气，他那种敢和命运作斗争的勇气，他那种不惧一切“敌人”，敢于向“敌人”亮剑的勇气。

霍金尚且如此？我们又如何能够去抱怨生活，命运对自己的不公呢？比起霍金，大多数人已经是难得的幸福了。我们都会面临很多困难，我们都应该去向这些叫做困难的“敌人”亮剑。

曾经我听过一个人说，我没有像“王思聪”那样的老爸，不然我早就成功了。可是，王思聪的老爸有一个像王思聪老爸那样的老爸么？因为起点太低，所以你就放弃了对人生的追求，那么，就算给你王思聪的老爸，你又能做点什么呢？

你有商业的头脑么？如果你有，那么就算没有很高的起点，你难道就要因此而放弃？如果你没有，那么，请先提高自己的能力，再去成就自己的一生。

我相信，起点只会是你人生中最小的困难，你需要面对的不仅仅是这些，你需要面对的是你自己那颗勇敢的心是否还在跳动。

直面你的困难，起点低就是你现在的困难，去向他“亮剑”。很久以后，你经历过无数次的挑战，可能失败，可能成功。失败之后，你是否还有勇气继续挑战？如果有，那你终将走向成功。

北京生活着一群特殊的群体，他们被称为“北漂”。每天都有无数的人加入这一行列，他们就是那一群不甘心自己命运的人，去直面挑战自己人生的人，去向困难这个敌人“亮剑”的人。

他们怀揣着同样一个梦想，来到北京，即使经历大量不同的失败，北漂的数量却从未减少，我想这就是所谓的勇气的力量吧！

持续迎战终将成功

我们不缺少勇气，我们缺少的是源源不断的勇气，我们应该直面每一次挫折，战胜每一个困难，不妥协，修炼勇敢。只有具备这些，你才拥有成功的资格，你才拿到了成功的门票。

马云是中国成功的企业家之一，他有过三次创业经历。海博翻译社是他的第一个项目，这个项目并没有使他赚到钱，反而是靠着贩卖内衣、礼品、医药等等小商品维持翻译社的生计，用了三年时间，才使翻译社开始盈利。

第二次是创办中国黄页，在东拼西凑地集齐了仅仅10万块就开始了这个项目，将营业额做到了几百万之后被电信收购。

第三次是创办了阿里巴巴，这才是他真正开始崭露头角的时候，但是在最开始的时候启动资金仅仅只有50万，谁能想到在2007年的时候这个公司的市值居然达到了200亿美元。

马云给我们的意义更在于马云说过，“如果马云能够成功，我相信中国80%的人都能成功”。如果你能像马云一样敢思、敢想、敢说、敢做、敢为天下先，那你也可能实现自己的“阿里巴巴帝国”。

那么，你敢么？如果你敢，那么，就不要在面对困难的时候选择退缩，而是“亮剑”！几乎每一个成功的人都同样经历了这些，几乎每一个失败的人都放弃了这些。成功与否，只在于你在面对困难的时候做出的选择，去迎接，去面对这些困难，这才是你需要做的。

有的时候，人往往会迷失自己，在经过很长一段时间的努力之后，却没有得到丁点的回报，这个时候，便是你最接近成功也最接近失败的时候。奋斗了过后，你没有失败，也没有成功。但你的勇气是否还存在，你是否还敢继续修炼你的勇气？

每时每刻都有人加入北漂，也都有人选择逃离。逃离，意味着你曾经坚持的东西将不复存在，这一切都变成乌有，你开始向生活妥协，你不抱怨命运的不公，只恨自己没有能力，你彻彻底底的被生活所打败，你骄傲的样子也再不存在。

如何才能解决这个问题，什么样的力量可以支撑住你继续一往直前，你该怎样才能取得成功，骄傲的面对这个世界？答案只有一个，不妥协，修炼勇敢。

法国画家约翰·法郎索亚·米勒，年轻的时候作品一幅也卖不出去，他陷入了贫穷与绝望的深渊里。为此，他迁就乡间，但是这并没有使他摆脱贫困的厄运。

不过幸运的是，他并没有停止过作画，而是在这个地方找到了属于自己的舞台。他的画更多的表达的是美丽的大自然和淳朴的农民，正因为如此，他画出了《播种》、《拾落穗》等不朽的作品。他修炼勇敢，不向命运妥协，在绝境中发现希望，铸就了他的成功。

一时的失意不代表你的方向不对，或者不能成功，而是在这样的挫折来临之时，你是否还能保持初心，不屈不挠地去继续战斗！？

去相信明天，会给自己带来成功，去战胜困难，给自己迎来新生，去绝境中寻找希望，来成就自己。每一个成就自己的人，都不会输给挫折，都不会输给逆境，都不会输给命运。短短数十载，如果不为了理想而抗争，如果不敢向自己的“敌人”亮剑，如果不勇敢地面对挫折，那么这样的人生将毫无意义，存在也变得没有价值。

每个人都应该去实现自己的价值，每个人都应该勇敢地去迎接挑战，每个人都应该为了成就自己而付出百折不挠的毅力，只有这样才不会虚度光阴，才能去实现人生的价值。

每时每刻，都应该不断地鼓舞自己，在困难面前，毫不退缩，在迎来成功之前，都要为之不懈的奋斗。越过这座山，打败这个“敌人”，那么，你就已经到达了胜利的殿堂。不畏惧前方路途的拦路虎，不在意失败之后的逆境，不忘记自己的理想和信念。

坚定远方的美好，坚守自己的信念，坚持自己的追求，去塑造属于自己的传奇，去创造那个自己想要的人生，去创造那个少数人才拥有的辉煌。这才是人生，这才是我们应该勇敢面对的人生。

2.6 让逃避和拖延无处遁形

我们都有过早上不想起床，或者在闹钟响过十几遍后依旧不能起床的经历。这，就是逃避与拖延的众多表现之一。

逃避和拖延会带给我们什么？以最简单的赖床为例，赖床会使我们上班迟到，扣工资，收入降低；收入降低之后对自己的生活失望，抱怨生活和命运的不公；最后成为了一个被生活所屈服的人。

赖床这件事情很小，可是带来的后果却如此严重。人生不是一定要遇到大事时才勇敢，而应该从日常中杜绝逃避和拖延，日常修炼勇敢的心。

有一个段子是这么说的："如果吴彦祖在楼下等你约会，你的拖延症立马就好了；如果手里有张无限透支的黑卡，你的选择困难症立马就好了；如果金灿灿的黄金堆成一面墙那么高，你的密集恐惧症立马就好了；如果别人送你一栋有两个大门的别墅，你的强迫症立马就好了。"可见所谓的拖延症并不是真正的不能立刻去做，而是缺乏动力，不够勇敢。

彻底摒弃逃避和拖延，是一个人迈向勇敢的关键。人的意志会被消磨，人的勇敢也会被逃避和拖延销蚀。只有让让逃避和拖延无处遁形，人们勇敢才会与日俱增。

拖延是人生的慢性杀手

拖延和逃避是勇敢的敌人，人生不是一定要遇到大事时才勇敢。大事很多时候都是由很多的小事聚集而成的，一个月不上班，没有安心工作，到了月底的时候自然有堆积不完的工作等着你，失业的危险也随之降临。

你沉浸在面临失业的危机中，却没有想过失业的危机就是由于你平常不断的拖延与逃避造成的。

网上有段特别火的视频是这么说的——假设给你五百万，要求你三年内每天锻炼一小时，工作八小时，读书一小时，人际交往一小时，你愿意做么？事实上，如果你这么做了，即使三年后没人给你五百万，你自己也能赚到五百万。

我们总是忽视了最普通的道理，却去追寻什么秘诀，到头来什么都得不到。拒绝拖延和逃避生活中的琐事，将会使我们的人生更加的充实与幸福。

曾经有一位国王问，“在这个世界上，什么人最重要？什么事最重要？什么时间做事最重要？”满堂朝臣不能解答，结果一位乡间老者回答：“在这个世界上最重要的人就是眼下你需要帮助的人，最重要的事就是马上去做，最重要的时间就是当下，一点不能拖延。”

我们都曾经经历或正在经历学生时代，总会有一种声音在耳边回响：“从明天开始起我要努力学习，将来考上一所理想的学校。”为什么不是从现在开始起我要努力学习？后来的事实告诉我们，只有选择从现在开始努力学习的人才进入了理想的学校，大多数人都去到了离曾经自己的梦想学校毫不擦边的地方甚至放弃了学业。

林肯是美国历史上一位非常著名的总统，小时候他生长在偏远的乡村丛林边，居住的地方远离学校、教堂、铁路，只是一间简陋的小木屋，那里甚至没有报纸、图书、日常的生活必需品都十分匮乏。每天，她需要步行几十里才能接到一些他想看的书。到了晚上，他甚至需要借助火柴的微光阅读。但是，他不畏艰难，不逃避困苦，最终成为了美国最伟大的总统之一。

无谓的拖延，是成功最大的慢性杀手。人每天因为拖延的时间在大约是四分之一，当你习惯于拖延，那么这个比例甚至会增大，这就意味着你将更难成事。

有一个奇怪的现象，我相信大家都经历过。当你在认真完成一件事情的时候，你会发现时间过得很快，甚至感觉不够用，而当你在虚晃光阴时，你会发现时间流逝得很慢。

同理，多年以后，如果你回首过往，能回忆起来的事情都是你在拼搏的时刻，而你虚晃的经历，并不会存留在你的记忆里，你甚至想不起那段虚晃的时光你在做什么。

因此，如果你想在往后的时光中回忆往事时，不会觉得自己虚度人生，此刻你就应该放弃你的拖延和逃避。

逃避不会取得真正成功

泰戈尔曾说：“上天完全是为了坚强你的意志,才在道路上设下重重的障碍。”逃避，只会使你一事无成。如果说拖延会浪费你的光阴的话，那么逃避带给你的只能是无尽的失败。

即使生活中小事，也不能去逃避，不是只有在大事发生的时候，我们才要勇敢地去迎接。小事，源源不断的小麻烦才是大多数人一直面临的问题。耐心的去解决这些小麻烦，会让你更加自信，会锻炼你的处事以及应变能力。

人生没办法逃避的有三件事：死亡、纳税和磨难。逃避做题的学生拿不到好成绩，逃避工作的员工没法升职，逃避困难的人声无法成功。

古人闻鸡起舞，悬梁刺股，为了功名；农民日出而作，日落而息，为了生计。不逃避是成功的人都具备的特质之一。真正的生活就是应该不断地迎接挑战，不退缩。

1996年，高中毕业的周杰伦找不到好的工作，只好应聘到一家餐馆当服务员。为了谋生，他每天要做的工作就是把厨师做好的菜送到餐厅，再由女服务员传到客人面前。他没有逃避谋生，也没有因为继续创作音乐、追求音乐梦的困难而止步。

每次发了工资，他就往音乐超市里跑，几乎把所有的钱都花在了买磁带上。为了提升餐厅的品味，餐厅老板在餐厅配备了一架钢琴，周杰伦抓住了这个机会，算是真正步入了音乐的大门，也为餐厅招揽了不少的生意。

1998年，周杰伦开始为各种歌手写歌，创作，有时候甚至还需要忍受白眼。这一年，他创作了一手名为《眼泪知道》的歌曲，刘德华只轻轻瞟了一眼，便拒绝了演唱。之后他没有放弃，为张惠妹写了一首火爆华语歌坛的《双节棍》。

然而真正让他成名的应该是这件事。1999年12月，吴宗宪将周杰伦叫到办公室，要求他在10天时间内写出50首，就帮他出唱片。周杰伦迎难而上，最终铸就了他日后的辉煌，成为华娱乐坛最闪耀的明星之一。

只有不逃避，才能收获成功。让逃避和拖延无所遁形，就是让人生收获成功。

“在你停住脚步的时候，日子还是会一天天过去，周遭依旧继续前进。不会因为你拖延答案，就为此等待。只要迟了一次，大概，就追不上了……”在人生的长流中，每个人都会遇到无穷无尽的琐事，如果选择拖延和逃避，那么只会拉长你和周遭人的距离。

拖延和逃避，那就不要渴望自己比别人成功；拖延和逃避，就等于放弃了尽早成功的机会；拖延和逃避，只会为自己带来更多的烦恼。

工作因为你的头拖延和逃避解决了么？理想因为你的拖延和逃避达到了么？人生因为你的拖延和逃避圆满了么？答案是否定的，只有拒绝拖延和逃避，才能迎来成功的人生。

人生就应该想做的时候就立即去做，这是一种勇敢。这种勇敢，是收获成功的捷径，是丰富人生的调料，是处事不惊的智慧。每个人都应该修炼这种勇敢，去实现人生的价值。

有的人的一生很短，却实现了巨大的价值；有的人一生很长，却都是在虚度。珍惜自己所拥有的时间，去实现自己的最大价值，是我们最应该去做也最有意义的事，逃避和拖延不能给我们带来任何物质上和精神上的满足。

珍惜每一次解决困难的经历，这会是你一生的财富，这些经历，会使你在面临任何问题是临危不惧，成竹于胸。人的一生如同白驹过隙，只有不断地去面对生活上的难题，才能铸就成功的自己。

2.7　敢对世界说不

华罗庚曾经说过："独立思考能力是科学研究和创造发明的一项必备才能，在历史上任何一个较重要的科学上的创造和发明，都是和创造发明者的独立地深入地看问题的方法分不开的。"

这意味着，要想有新的发现，必须要从固有的思维里面跳脱出来，要敢于去挑战旧事物，才能有所突破。

阿里巴巴的创始人马云取得今天的成功，很大程度归功于他打开了网购和移动支付的大门。但是在当时，他受到了无数人的否决，但这并没有阻挡住他前进的脚步，而是他敢于和这个世界说不，才取得了今天的成功。

为理想和真理而勇敢，敢对现实和世界的潜规则说不，不随波逐流，这是高一层次的勇敢，也是日常修炼积累勇敢之后的更高检验。

每个人都应该有这样的勇敢，敢于对这个世界说不，这才能迎接真正的成功。当别人对你的想法加以否定的时候，请不要气馁，这个世界上成功的方法永远不止一种，而是无穷无尽的，只要有大无畏的勇气和决心，那你就离成功不远了。

锻炼对世界说不的勇气

敢对世界说不，是需要付出勇气的，有时候，甚至是生命的勇气。尼古拉·哥白尼在40岁时提出了日心说，违反了圣经，否定了教会的权威，改变了人类对自然对自身的看法，并为此做出了一系列演讲，临近古稀之年才终于决定将其学说出版。

可以说，一路走来并不容易，他自己推翻了他坚持了一生的东西，为此面临着生命的威胁。不过，正是靠着这种大无畏的勇气，他将真正的科学传递给了人类。要知道在他之前，1327年意大利天文学家采科 · 达斯科里被活活烧死，他的“罪名”就是违背圣经的教义，论证地球呈球状，在另一个半球上也有人类存在。

这两位都是世界的英雄，他们敢于向传统权威挑战，也成就了他们自己。我们也需要这样一种勇气，去打破固有的一切，从别人的否定中成就自己，这就是敢对世界说不的勇气。

要想拥有这种勇气，首先要有强大的自信，以及无比坚毅的毅力。积攒自己的自信，敢于对世界说不。

自信源于力量的积攒，可以从书中，从劳动中，从处事中获取。知识的力量让你能够在眼界上更加开阔，身体的力量可以让你在对抗中更有魄力，处事的智慧会让你在人际交往人中更加的圆滑。

当你的知识储备完全可以支撑起你的理论，那么无论别人怎样反驳你的观点，你都可以无比坚信自己是对的；当你的体力已经超过了别人的极限，那么所谓的不可能也就变成了可能；当你的人际交往已经十分强大，那么做到一些让人看起来匪夷所思的事也只不过是信手拈来。

你没有办法和一只井底之蛙讲道理，因为他一辈子只呆在那么小的天地，同样，你无需臣服于既有的理论，而困住自己。要敢于打破这一切，坚信自己是对的。

世界那么大，至今没有一个人可以通晓一切。所以，一切的可能都是存在的，我们需要做的是勇敢地坚持自己的选择，世界上没有一个成功的人是完全听从别人的指挥的。选择了之后，后续你需要做的就是，为自己所坚持的努力奋斗，直到实现它，这样才能封住悠悠众口。

敢于对世界说不，为自己的坚持努力。世界上敢于提出奇思妙想的人很多，可是实现它的却寥寥无几。从古至今，提出想在天空飞行的人数以万计，但是直到1903年12月17日，第一架飞机才被莱特兄弟生产制造出来。他们为了他们的想法而常年累月的去观察鸟类飞行的规律等，这才有了最后“飞行者一号”的出现。

敢对世界说不，体现在强大的自信和为理想坚持奋斗的那种勇敢。你可能一年，十年甚至更长时间面对的都是旁人的白眼和艰苦的环境，成功从来都不是轻易就能获取的，只有敢对世界说不的人才有资格去拥有它。

“最初所拥有的只是梦想，以及毫无根据的自信而已。但是，所有的一切就从这里出发。”每个人都曾经拥有梦想，每个人都曾经敢于挑战权威，敢对这个世界说不，但是最终坚持下来的却只是少数。大多数人，每天做着自己不喜欢的工作，适应自己不喜欢的规矩，却只能羡慕着别人的幸福人生。

摒弃旧世界活出新人生

敢对世界说不，可以收获快乐。去撒哈拉沙漠生活，这是多么疯狂而又有意思的举动，虽然有很多的人向往，但是除了当地人以外，我相信没有多少人愿意去沙漠里面生活。但是在1973年，三毛禁不住撒哈拉沙漠的诱惑，与深爱着她的西班牙青年荷西来到这片世界上最大的沙漠结婚，白手成家。

从《撒哈拉的故事》中，我们可以看出那里的生活环境是有多么的艰难，但是这依然没有劝退我们可爱的三毛作家，她从这里领悟到了生活的美感与快乐，并且献给我们一部部优秀的文集。

敢对世界说不，拒绝潜规则。学会拒绝，有时候甚至不只是闲话，而是带着利益的诱惑。很多时候，人们在拒绝潜规则之后可能会面临失业，有的人忍受了这一切，最后欣然接受，甚至还成为了其中的一员，这就是潜规则存活下来的原因。

毫无疑问，今天的世界充满很多潜规则——不只是狭义上的潜规则，实际上每一个角落都充斥着各种各样的潜规则。比如，生意场上的酒文化，不喝酒就谈不成生意，不喝酒就不签单。再比如，采购环节的回扣问题，不只是在特定公司特定部门，这样的陋习已经延伸到全局

而笔者认为，应该拒绝潜规则，干净彻底地决绝，只有用正规的手段去解决你面临的问题才是唯一的出路。潜规则更像

是一个无底洞，有了第一次之后后面就断不了了，当下次问题来临的时候，潜规则是否还能起效果？或者你需要利用其他的潜规则来完成这一切。

这一切都是属于“肮脏”的交易，而通过这些东西得来的东西必然不会是真正的成功，你甚至都不敢向别人炫耀你通过这种方式取得的成功。我们拥有对于生活的追求，我们也应该敢对这个世界说不。

敢对世界说不，是日常修炼积累勇敢之后的更高检验。敢对世界说不，是敢于发出不同声音的勇敢，是敢于行动的勇敢，是敢于拒绝的勇敢。敢于对这个世界说不，能收获快乐，收获成功，收获那份心灵的纯净。

世界上，总有人会对你指手画脚，而你要做的事不随波逐流；总有人给你提供成功的捷径，而你要学会拒绝诱惑；总会有挫折降临，而你要学会坚持。在经历了日常修炼勇敢之后，更要敢于接受更大的挑战，我们能承受突然袭来的暴雨，也要能承受生活中的各种难题，质疑和诱惑。

苹果创始人乔布斯曾说，“你的时间有限，所以不要为别人而活。不要被教条所限，不要活在别人的观念里。不要让别人的意见左右自己内心的声音。最重要的是，勇敢的去追随自己的心灵和直觉，只有自己的心灵和直觉才知道你自己的真实想法，其他一切都是次要。”

敢于对世界说不，即使老了也不要忘了这一点，勇敢属于每一个人。如果你想去学钢琴，那就去做吧；如果你想去学跳舞，那就去做吧；如果你想去创业，那就去做吧；如果你想去学习深造，那就去做吧。这个世界上，能阻止你的，只有你自己。

只有被现实打败了的你已经丧失了的勇气，没有任何东西能够阻止你做任何事。只要你还有敢对世界说不的勇敢，那么你离快乐、成功，还有那份心灵的纯净，就更近了一步。

2.8　勇敢铸灵魂

历史的道路不是在涅瓦大街上的人行道，它完全是在田野中前进的，有时穿过尘埃，有时穿过泥泞，有时横渡澡泽，有时行经丛林。我们途经的路同样拥有挫折与考验，用勇敢之心去铸造钢铁般的灵魂。

我们无法预测灾难和明天谁会先降临，但是我们可以锻炼我们的无畏精神，去迎接一切的挑战，勇者无惧，胜者无敌。拥有了勇敢之心，我们将所向披靡，无往不克。

狗与公鸡结交为朋友，他们一同赶路。到了晚上，公鸡一跃跳到树上，在树枝上栖息，狗就在下面树洞里过夜。黎明到来时，公鸡像往常一样啼叫起来。有只狐狸听见鸡叫，想要吃鸡肉，便跑来站在树下，恭敬地请鸡下来，并说：“多么美的嗓音啊！太悦耳动听了，我真想拥抱你。快下来，让我们一起唱支小夜曲吧。”鸡回答说：“请你去叫醒树洞里的那个看门守夜的，他一开门，我就可以下来。狐狸立刻去叫门，狗突然跳了起来，把它咬住撕碎了。

当危险来临时，首先想到的不应该是逃避，而是勇敢地去思考，这样才能真正地解决问题。逃避永远解决不了任何问题，而只会使问题越变越大，最后还是得面对，或者死亡。敢于正面面对生活中的困难和难题，那么你已经走出了第一步，成功的大门向你敞开。

勇敢的心铸就钢铁灵魂

勇敢的心，不止是在面临危险或者大抉择才能用到，即使在日常生活中，也应该时时怀揣它，这是你时时刻刻都需要用到的东西。

长期的工作和枯燥的学习都容易使人奔溃，努力了很久却不能在事业和学业上有所成，很多人会选择放弃，最终事业无成，学业荒废。

没有勇气面对却总是抱怨别人的工资和成绩总是比自己优秀，你只能一事无成。找回那颗曾经勇敢的心，如果最终实现了，那么中途经历的这些所谓苦难或许看起来不值一提，甚至还有点怀念。

我们都一起和自己的同窗在高三的时候奋斗，都曾作为实习生和同僚一起工作，最后成功的，永远都只是勇敢的人，找回勇敢的心，去实现你想实现的一切。

向每一个“敌人”亮剑，解决掉终点之前的所有障碍。怯懦，是人的第一个敌人；困难，是人的第二个敌人；坚持，是人的第三个敌人。找回勇敢之心，踏上勇者之途，没有任何事可以阻挡住你的脚步，坚信自己的方向。

成功和理想，从来不容易实现，没有大无畏的勇敢之心，就不配戴上胜者的王冠。不管你选择哪一条路，都会有无数的艰难险阻，向你的“敌人”亮剑，将它们一一斩下，才能成就你的功业，铸就你钢铁般的灵魂。

选择艰难之路，为自己的梦勇敢拼搏。这条路，注定是一条艰难之路。有的时候，是生活逼着我们走上一条艰难之路，有的时候，我们是为了自己的追求而选择艰难之路。

科学界的霍金，奋起反抗的陈胜吴广，他们都因为不甘于命运而选择了一条艰难之路，毫不退缩，这才在历史的画卷上书写出他们的传奇。伟大的哲学家思想家马克思他们本可以安逸地度过一生，却为了自己的理想和追求和选择了一条艰难之路，最终成就了自己。

在命运的途中，不管你身处何地，身陷何境，都要勇敢地追求自己的理想，都要敢选择艰难之路，这样的一生才会是不平凡、不虚度的。

在这条路上，你注定要远离拖延与逃避，这样你才不负你的理想和追求。让逃避和拖延无处遁形，让成功来得更早。

杜绝起床难和事情延后的现象，会让你更早一步的把握先机。不要试图逃避掉你本该承受的责任和义务，也不要试图逃避生活给你带来的困难。逃避不能解决任何问题，相反，只会阻挡你成功的脚步。

居里夫人的房间里没有凳子，所以朋友们来到她的家中，只能尽快地把事情说完，而省去了闲聊，不得不说，她是完美地避开所有拖延借口的成功者，而她的发现也对得起她曾经的努力。

上天总会在不恰当的时候给予我们迎头一击，很多人在这个时候选择了逃避，事实上，这个时候你就已经注定了失败，这个世界上没有什么问题是不能解决的，除了你的懦弱，你那个已经失去了的勇敢之心。

让勇敢的心伴你一生

创业都很难，但是总有人成功；高考是很难，但是每年都有令你瞠目结舌的状元；人生要想有所成就，本就是一条艰难之路，你逃避了，但是总有人能名留史册。你选择了逃避，就等于你拒绝了成功，你选择了拖延，就等于你延后了成功的到来甚至失去了成功的机会。

在这条艰难之路上，你可能会受到很多质疑与嘲笑，甚至是潜规则劝退了你，这个时候，你要勇敢地站起来，对这一切说不。敢对世界说不，敢向社会和潜规则发起挑战。

当生活的重担压在你的身上，当一些不公正不公开的邪恶势力威胁你，当一些所谓行业的内部规则摆在你的面前，你敢勇敢地对他们说“NO”么？

生活总是让人无奈，很多时候你的努力可能正在被一张潜移默化的大手所遮蔽，你是屈从于他还是奋起反抗？请不要疑惑，无数人向我们证明了，只有反抗，只有勇敢地对世界说不，向社会和潜规则说不，才能获得成功。

青藏铁路在世界的质疑中建成，珠穆朗玛峰每年都有人能攀登得上，聚美优品曾经辉煌过，丑小鸭也成功变成天鹅。社会只会带给你无穷无尽的压力，而不会完全断掉你成功的法门，上帝给你关了一扇门，必定会为你打开一扇窗。

能决定你成功与否的，从来不是外界环境，而是你是否具有一颗无畏之心，拥有无畏的精神。锻炼你的无畏精神，所向披靡，百战不殆。从小事做起，用无畏的精神去面对问题。不用害怕你的决定会带来什么，只要你真正想要去做，想要去实现它，那就去做好了。

如果你想去环游世界，那背着包就可以走；如果你想创业，那么现在就可以辞去工作，开始构思了；如果你想去学唱歌跳舞，那就更没有什么可以阻挠你了，别人的眼光对于你自己而言，根本无关紧要。

我从前就听过老人说："难道别人说你一句，你就会少一块肉么?"做好自己，才是最重要的。做自己，不管做什么都会让人感觉到愉悦，做自己想做的事，变成自己想成为的人，这才是我们的毕生追求，而不是活在别人的唾沫星子里。

无畏精神，是一种对任何事都无所畏惧的精神，不害怕阻挠，也不畏人言；不害怕吃苦，也不会空虚；不会去迟疑自己，也不该只活在别人的掌控之中。

无畏，勇敢铸就出钢铁般的灵魂。灵魂是指引我们前进的方向，灵魂是我们生活在世间最美妙的东西。用勇敢之心铸就的灵魂，是能够成就功业的灵魂，是自信的灵魂，是无畏的灵魂。

第三章　独立

3.1　独立浇筑自由心灵

人一出生就在不断地被灌输学习模仿。男孩子应该刚毅不屈，女孩子应该温柔娴淑，在被灌输的过程中人的思维也在不断地被限制。从呱呱落地到长大成人独当一面，看似自由的人生实则已经被划入方圆。

然而，人虽然是社会的人，但人更可爱、更可贵的一面，正在于独特的自然属性。当社会现实为一个个不同的人戴上枷锁，把大家变成千篇一律的“木偶”时，一个特立独行、不随波逐流的人，将显得尤其可贵。

怎么重获自由的心灵？答案就在独立二字之中。独立是一个人获得自由心灵的关键。当一个人具备独立发现、独立思考、独立解决问题的能力之后，他的心灵将冲破种种固有的桎梏，变得自由在在、游刃有余。

自由的心灵，是一个人摆脱机械人生，创造精彩故事的起点。人类历史长河中那些熠熠生辉的名字，无不是特立独行、自由自在之人。独立，在他们的成功故事中，扮演了至关重要的角色，发人深省。

什么是独立?

独立是在真实认知、勇敢面对之后，当遇到更多更大的困难时，一个人能够自己去处理问题、解决问题。而且在处理和解决问题过程中，这个人必须有自发的思想和判断，独立的价值观，而不是一个朝三暮四、左摇右摆的状态。

独立是人必须经历成长的过程，唯有独立才能获得自由。独立是靠自己，自己能够判断大是大非，自己能够做出决定，并且拥有独立的精神和物质能力来配合自己独立。独立并不是指孤独，不求人一味自我解决自我消化。

独立是你能够拥有足够的能力满足自身的需求，独立是你能够为自己负责为自己做主。虽然没有人一出生就是独立的，每个人都依靠着别人，小时候靠父母，长大后靠朋友，没有生而知之者，也没有天生就是独立自主的人。

爱迪生出生在一个贫困窘迫的家庭，一生仅上过三个月的小学，老师却总是被他奇思妙想的问题难倒，羞愤的老师直言爱迪生就是个白痴，将来不会有所成就。然而，爱迪生虽从未受过良好的学习教育，他却凭借自己的努力和非凡的资质，独立自强影响了整个世纪，成为美国著名的发明家。

他发明过电报机、留声机，改进了点灯、电话，他的一生平均每十五天就有一项新发明，他成为历史中一颗不灭的明星。

爱迪生成功的关键在于，他拥有独立的思考能力，他能够在别人灌输给他的信息中，筛选出正确的，他能够独立地坚持着自己的选择。无论别人如何非议，他明白什么是真，什么是假。

没有一个人是特别的，独立不是一定要求要与众不同，标新立异，鹤立鸡群。人是群居生物，没有一个人可以脱离群体而存在。独立是学会在人流中拥有自我不被大同世界所同化掉。

一个独立的人是特别的，就像漫天的雪花，都是洁白美丽，世界上却没有那一片雪花拥有完全相同的花纹。独立是标志性的，世界上亿人口，却没有一个人能够拥有一模一样的指纹，哪怕是与亲生父母每个人的DNA也没有百分之百一致的，总是存在一些细微的差异。

这就是独立，大看相似，实则不同。人之所以为人，是因为人会不断地学习思考，要学会独立，吸取学习的过程中，也学会思考，思考也是一种独立。

1947年，在那个骄阳不稳的年代里，美孚石油公司的董事长贝里奇在卫生间遇到了一个正在擦地的黑人小伙，即使干着脏乱的工作却依旧心怀敬畏，勾起了贝里奇的好奇，他问黑人小伙缘由，黑人小伙说，在感谢上帝给了这份可以糊口的工作。

贝里奇笑了笑说："南非有一座有名的大山叫做大温特胡克山，那里可以看见上帝，为人指点迷津，我也是经过他的指点成就了现在的自己，如果你想去，我可以批准你一个月的假期。"

黑人小伙喜出望外，谢过贝里奇就上路了。三十天中，他一路辗转，风餐露宿，终于登上了大雪覆盖的山顶。但他徘徊了一天，什么都没遇见，黑人小伙失望的回来，他告诉贝里奇，除了自己以外，什么都没遇见。

贝里奇说，你说得对，除了你以外，根本没有上帝。20年后，这位黑人小伙成为了美孚石油公司的总经理，他的名字叫贾姆讷。

美国哲学家梭罗曾说："我宁可坐在一只大南瓜上，由我一个人占有它，不愿意和他人挤在天鹅绒的垫子上。我宁可坐一辆牛车，自由自在来去，不愿意坐什么花梢的游览车去天堂，一路上呼吸着污浊的空气。"

可见，无论是追求物质和精神，那些大才之人都将独立看得很高。当然，普通人也需要独立，独立能让一个人即使在最平凡的岗位上，也能成为那个独一无二的人。个中的原因一样，全在于独立的人能够拥有独立的思想和判断，能够自发地发现和解决问题。

为什么要独立?

与其依赖别人，不如靠自己，如果自己都不帮助自己，何来能力祈求别人帮助你？与其等待着怜悯与施舍，不如认清楚现实。独立的人才能够看清楚自己的需求，独立的人才能够不迷茫，不荒废。

如果一个人连独立都做不到，每天行走卧睡，悲欢喜乐都像是提线木偶一般，被人所束缚，这样的人生又有何意义？独立的人生就应该犹如晴朗的天空、雨后的彩虹、破土而出的夏蝉、展翅高飞的雄鹰，处处充满着蓬勃的希望。

莎士比亚出身于英国一个富商家庭，但是，他没有甘愿做一个富二代。他从小就喜欢戏剧，想当戏剧家，6岁就离开家庭，外出独自谋生。他来到了伦敦一个戏园子里找事情做。尽管人家只需要一个给观众看马的马夫，莎士比亚仍然接受了这份差事。此外，莎士比亚还在屠宰场当过学徒，帮人家做过书童，做过乡村教师，当过兵，做过律师……为了谋生，他漂过英吉利海峡，到过荷兰、意大利。

他在独立谋生的闯荡中，丰富了人生经历，增长了才干，为后来的创作打下了坚实的基础。他以饱满的热情，写了《罗密欧与朱丽叶》《威尼斯商人》《哈姆雷特》等 37部剧本，2首长诗和154首十四行诗，给后世留下了丰富的精神财富。

法国19世纪著名音乐家海克脱·倍里奥从小就喜欢音乐，也听了不少音乐家的故事，因此，他的理想就是长大后要当一名音乐家。但是，他的这个理想违背了他父亲的愿望，最终被父亲赶出了家门。但他并不害怕，为了他的生存，也为了他的理想，他到处去做工，脏活、累活都干。在屠宰场、面包房、商店和工厂，都留下了他的足迹。就这样，凭着这股坚毅的自立精神，他终于成为第一流的音乐家。

易卜生先生曾经说过："世界上最坚强的人就是独立的人。"是的，因为独立的人才会有所作为；同理，独立的国家才会不受欺负，才能实现繁荣富强。这方面中国拥有最惨痛的回忆，也积累了最宝贵的经验。

如果你连独立都做不到，别人凭什么尊重你，愿意与你沟通。一个连独立都做不到的人，说什么都让人觉得不可信。

一个不能够独立的人，缺乏和人沟通的灵魂，就像是一台机器——人是不愿意和机器说话的，因为那没有什么意义。

能够独立的人，才是能够对这个社会做出贡献的人，当你能够为这个世界奉献自己的力量，那么你本就拥有了谈话的资本。换句话说，可以把独立理解为一种能力，一种和世界沟通的能力。这种能力不是先天具有，而是通过不断地修炼，才能达到。

独立的人，都是十分强大的人，是值得尊敬的人。在这个世界中，开辟出一个完全属于自己的世界，需要独立。而这个世界，是与别人完全不同的，只有自己才能理解的，却又被同类认同的能力，我想这就是独立的魅力——既和别人不同，又被别人认同。

3.2 精神独立为先

歌德曾说过："谁要是游戏人生，他就一事无成；谁不能主宰自己，永远是一个奴隶"。人需要独立，精神独立为先，一个人无论是奋斗还是改变都取决于思想，只有思想能够意识到，人才能够有所改变。

陈寅恪曾说："惟此独立之精神，自由之思想，历千万祀，与天壤而同久，共三光而永光。"由此可知独立精神并不是指

“个人主义”，不肯把别人的耳朵当耳朵，不肯把别人的眼睛当眼睛，不肯把别人的脑力当自己的脑力。

往往独立的人都是先意识到，自己不能再这样继续下去，需要改变，然后在改变的过程中成为一个独立自主的人。没有人是生而知之，所有的问题都是通过经历和思考得来，想要独立也是需要思考的过程，先思考后行动。

精神独立并不是舍去外界，自我沉醉，而是学会坚持信念，并且用力量去践行。坚持的不是固执，而是内心。当然有时候也要学会去借助外界的力量，保持自己身心愉悦，这也是精神独立的范畴。

精神独立敲开成功大门

独立精神是指一个人能够有独自的判断能力，能够学会在一堆嘈杂中判断出真假，能够知人善用，能够同大流而持方向。

就像花朵成长需要依赖阳光雨露，大鹏飞行需要借助风，鱼儿生存需要活在水中……没有一个人可以离开外界的依赖而独立存活，哪怕是食物链最顶端的人类，依旧需要依赖着地球。

精神的独立是人格魅力的象征。如果说世界是个大系统，而人类是生存在这个大系统中的小系统。精神独立需要一个人能够对自己所作所为完全负责，不会因为害怕而逃避，不会因为困难而放弃，拥有逆流而上的勇气。

没有人会去喜欢成为机器模子刻画出来的人，也没有人甘愿成为这样的人，想要避免必须学会精神独立，做到不依赖、不放弃，自强不息。

没有一个成功的人是懦弱胆小任人摆布的，精神独立需要勇气和极强的决策力，懂得抓住时机，敢于突破自己。精神独立，是对于人生的自我超越和追求，是不满于现状，不甘于平凡。是成功的开始，是新事物出现的契机。

独立，是区别于其他事物而独自存在，精神的独立致力于区别于其他个体的另一存在，是敢于向成功进发的特殊个体。精神独立的人，才能开启成功的大门，如果一个人的精神不独立，那么他将缺乏决策性，不敢肯定自己的观点，也不会因此而努力下去，因此很难成为一个成功的人。

世界上绝大多数的人都可以实现物质独立，能解决自己在这个社会立足的问题，但是精神独立却在很多人身上都会缺失。很多人干了很多年，依旧抱怨自己一直是个小职员，勉强度日，就是因为缺乏精神独立，缺乏对自己观点的认同，缺乏对命运的挑战，在抱怨的同时又不敢脱离出来，不敢为了自己奋斗。

精神独立，是为了更美好的生活而存在，但绝不是消极怠工，而是敢于提出观点，并且敢于实践，而不是只会抱怨，却又苟且偷生。一个只能物质独立，不能精神独立的人，生活就像是一台机器，每天接受指令并且完成任务，这样的人生注定是平凡而纠结的。

当然，成功的定义不仅仅是指成为一个所有人眼中的成功人士，而是做一个让自己满意的人——即使做着普通的工作，也能展现出自己的价值，为自己热爱的工作用自己特有的方式奋斗，那也是一种成功。这，也需要独立之精神去指导。

精神独立区别于机器人

精神独立的人，是不会去抱怨生活的，是为了自己所热爱的生活去奋斗，是区别于别人不同的独立的生活方式。精神独立是一种态度，是一种习惯，正是因为这种态度，才让我们能在这个世上生活的愉悦、不同于别人。

精神独立的人有自己的想法，是比一个机器人更具有存在的价值的。如果一个人只能干机器人能干的活，那么，他存在的意义也就没有了，因为既然一个机器人都能解决，那么还需要人来干嘛。

精神独立，在未来的世界中可能就是区分与机器人不同存在的一个很重大的标准与准则。当今世界，机器人、人工智能的发展越来越迅速，如果不想被这个社会淘汰，或许你需要做出努力而选择，你需要精神独立。

1939年美国纽约世博会上展出了西屋电气公司制造的家用机器人Elektro。它由电缆控制，可以行走，会说77个字，甚至可以抽烟，约瑟夫·恩格尔享有“机器人之父”的称号。机器人的发明是为了让人类更好的生活，但在另一方面的定义却是：为了取代人类去更好更简单的完成工作。

如果你仍旧不能精神独立的话，那么在不久的将来，你甚至不如一个机器人，甚至连物质独立的能力都将缺失。精神不独立，不仅不能打开成功的大门，甚至会丧失掉在这个世界生存的能力。精神独立，是为了区别于机器人生命体的存在，亦是区别于他人不同的生命的存在，精神独立，是人格的独立，是思想的独立，是追求的不同，是更好的自己。

精神独立，意味着你不应该每天只是盲目地上班和下班，如果是你所从事的是你热爱的工作，就应该兢兢业业，更好的完成自己的工作，更要去从工作里面获取生活的意义；如果你面对的是你所厌恶切没有意义的工作，那么请放弃它，为了你真正想要做的事业去奋斗。茫目的生活过得很缓慢，但是在进度条上却不能留下痕迹。如果你回首往事时，居然发现自己的一生居然都在做着相同的动作且没有意义，那么我想，你这一生是不幸的。

不去做一个不幸的人，要从精神独立开始，让自己的生活和工作变得有意义。如果每一个动作都会让你感觉到愉悦，那么这就是成功的人生。

精神独立，本来是从出生就具备的，是第一个让你拥有的，是最先开始的东西，也是你存在的意义。正因为有了精神独立，才会让你去选择不同的工作，去得到不同的物质，去实现自己不同的人生。

精神独立是一种信仰，是独立让这个世界变得缤纷多彩，五光十色；是独立，让这个世界变得美好与不同。如果人丧失了精神独立，就无法去实现价值。每一个人云亦云的人都没有办法被他人记住，独立才是这个世界的生存法则。

每一个人，都是出母亲的身体里面诞生出来的，每个人出生的方式相同，但是生命的意义却从来不同。每一个人，都拥有独立生存的意义，都是不同的个体，所以，精神独立是上天赋予的使命，不应该忘掉自己的使命，更不应该丢掉自己的使命。

3.3　别忽视物质独立

物质独立是独立的保障，是独立的基础，任何一个想要独立的人都不能丧失物质独立的能力。那些完全抛开物质谈精神的，是唯心主义的典型代表，不具备普适性，不值得研究与借鉴。

物质独立不是用不完的金钱，而是一个人生在这个社会所必须掌握的技能，即使身怀几辈子也用不完的财富，也不应该放弃物质独立。比尔盖茨选择将自己的财产全部捐献给慈善，而没有留给自己的子女，我想这无疑就证明了物质独立的重要性，物质独立才是人格独立的开端。

只具备精神独立而物质不独立的人，很难有所作为。空洞的精神独立，并不是真正的精神独立。没有物质独立的支撑，那很多精神独立只能是一个笑话。试想一下，如果一个连自己都无法养活的人，他又有多少机会将独特精神流传于世？

我们身处的这个世界，本身就是精神与物质的辩证统一。没有物质的锤炼，精神就是无本之源。而没有精神的指导，追求物质也会误入歧途。因此，正确认识并处理物质与精神的关系，是获取真正独立的关键。

物质独立彰显精神独立

每个人都无法逃避物质独立，这是人必备的生存本领，是立足之本。物质独立的人，才能正常的在这个世界生活，才能舒适的享受一切属于自己的劳动果实，才可以不需别人的脸色行事，才是人格独立的开始。

王思聪是中国大企业家王健林的儿子，七年之前，所有人对于王思聪的评价是“富二代”，然而在今天，提起王思聪，更多人了解的是“王校长”“投资人”“企业家”。

在七年之前，王思聪本就是一个才华横溢的人，曾毕业于伦敦大学，但是父亲的光辉掩盖了一个本属于他的光芒，在所有人看来，他只是一个富二代。七年的时间，王思聪成功让父亲给他的五亿翻了十几倍，实现了物质独立。

“富二代”的身份可以说成就了他，但曾经的他却没有因为“富二代”的身份而被大家所尊敬，更多的只是羡慕和嫉妒。时间证明了他不仅是个“富二代”，更是个可以有所作为的优秀的人，是物质独立帮助他实现了这一点，是物质独立才让他的精神独立的荣光得以展现、彰显。

当今世界，物质独立的人，更有机会向世界展示自己精神独立。脱离了物质独立的精神独立，是一个极端的空洞。特别是对绝大多数的普罗大众来说，不经历物质独立的追求，你就很难有值得一提的精神独立。

物质独立，意味着你可以自由的分配属于你的财富，去旅行，去购物，去干一切物质独立可以带给你的一切精神上的享受。物质独立的同时，更是精神的愉悦与享受，是自由的前提，是不被拘束的不羁，是追求精神独立的基础，是实现理想的必备法典。物质的世界，让人们的努力得以展现，你越努力，越独立，就可以拥有更多物质带给你的享受。

《我喜欢这个功利的世界》一书中曾指出这样一个观点：“我喜欢这个功利的世界：这世界承认每一个人的努力。”物质或许并不是所有人最终追求的目标，但是物质确实可以证明我们曾经的努力。没有了物质世界，所谓的精神世界更多的只是在泛泛而谈，物质独立你都无法做到，那精神世界又怎么充盈。

每个人都生活在这个物质的世界，既然你无法打破这个既定事实，那你只能去适应它，去实现它。你的理想，你的追求可以不是获取更多的物质享受，但是物质独立却必须是前提。只有真正物质独立的人，才有资格说，我是一个“不物质”的人，我是一个可以依靠自己劳动而获取物质享受的人；只有真正物质到达巅峰的人，才有资格说，物质对于他来说只是浮云。如果你根本没有能力去获取物质巅峰，那你所有的言语都显得苍白无力。

没有一个人可以逃避物质独立的命运，再厚的家底都可以让你耗尽，再丰富的物质享受都无法让你真正的愉悦。《活着》一文中，福贵曾经是地主少爷，但他嗜赌成性，终究赌掉了万贯家产。不能物质独立的人，是无法立足于这个社会的。

物质独立永远不是可以忽视的，不管你对于命运的选择是什么，你都逃脱不掉要物质独立。退一万步，即使你逃脱了大千世界，在世外桃源隐居，你仍然需要自己动手，才能换取食物以及精神的愉悦。

物质独立不可忽视，也没法逃避，是绝大多数人的唯一选择。

物质独立锻造精神独立

物质独立不仅能够彰显你的精神独立，还能够使你在追逐物质的过程中，获得独特的精神体验及感受，最终形成你独特的独立精神。

如上所说，我指的物质独立不等于金钱，而是一个人去创造价值的能力。这种能力包括养活自己，支撑自己的发展，养活家人，惠及他人及社会等。在达到这些目标的过程中，一个人的精神世界也会被塑造得更加务实而圆满。

物质独立的人，才更有机会去追求精神独立，才更能实现自己的理想和追求，才不会被这个世界拒绝成为一个成功的人。物质独立并不是一个很难的抉择，事实上，物质独立是在成就自己，是为了实现更好的自己而存在。

实现物质独立，是人生重要的起点，是自我飞越的舞台。实现物质独立的同时，你对于生活的希望和期待也更进一步。实现物质独立，更是享受物质独立，有什么样的物质享受会比自己通过物质独立获取到的更加令人愉悦呢？！

“如果你自己买不起LV,你凭什么要求别人给你买LV呢？如果你自己能够买起LV，那你还需要被人给你买LV么?”这句话本来是用在激励女人自立自主上面，但是对于所有人都受用无穷。依靠别人，依赖别人都不是你可以一直拥有也不是应该一直拥有的选项，真正的满足和愉悦永远来自于自己。

通过自己的力量买到的房子、车子，通过自己的力量打拼的事业，都会是你一生的骄傲。这是物质独立给予你的，它们与凭借依赖而得到给一个人带来的精神体验是完全不同的。对于任何一个人而言，物质独立都能给人带来愉悦，都会使人拥有成就感，都更能在精神上独立。

想象一下，通过自己的力量赚取的第一桶金，那是多么骄傲的时刻。享受物质独立的过程，才是正确面对现实世界的态度，才是迈进精神独立大门的第一步。

物质独立，是一种追求，是一种一辈子都不应该放弃的本领，是被人承认的开始。当开始了物质独立，你就会开始享受它所带给你的一切幸福，对于其它而言，这种幸福感是永远也不会消失的，是伴随你终身的骄傲。通过自身力量实现的物质独立，没有人会陌生，即使是年幼的小孩子和年迈的老人。

物质的独立会给老人带来继续生活在这个世上的本钱，会给小孩子带来第一份属于自己的荣耀，会给大多数人带去生活的目标和追求，支撑平淡的人生得以维系，支撑辉煌的人生得以开始。既然每个人都必须要物质独立，与其抱怨，不如去享受，享受物质独立带给你的一切，也许你就会对这个世界充满希望。

物质不能独立的人，只能被这个世界淘汰，或者成为别人的战利品。这样的人，是生活的懦夫，是不配享受物质的人。这样的人，你很难期待他们在精神方面有什么值得褒扬或传承的地方。

是一个个物质独立的人带给了我们现代文明，是一个个物质独立的人带给了我们这个繁华的世界，是一个个物质独立的“匠人”造就了我们的生活之美……一个人在做到真实和勇敢之后，在通往独立之路上，既要高举精神独立为先，也别忽视物质独立，而要辩证统一地，让物质独立铸造更好的精神独立，活出更精彩、更成功的人生。

3.4 摒弃依赖的人生

每个人都是在哇哇大哭中降临到这个世界上，一开始除了哭，什么都不会。慢慢开始有人开始教你说话，之后是读书认字，这都是父母和老师传授给你的本领。他们这么做的目的只有一个：让你摒弃依赖，学会自己独立生活。

然而，随着人越长越大，依赖并没有被去除，独立似乎离我们越来越远。特别是在今天这个“压力山大”的社会，诸如啃老、拼爹、炫富、卖惨等现象层出不穷，依赖成风，成为人们变成独立个体的大敌，并衍生出社会问题。

中国式的家庭教育，某种程度上决定了这一切。对于孩子的教育，很多家长错误的做法在于，只要孩子哭就会给孩子想要的一切，甚至成年之后的工作和房子，父母都一并包办了。这对于孩子来说，并不会有持续的好处，而只会造成过度依赖。

但是，人总要长大，试想一下，“啃老族”在失去了父母会怎样？很显见，长期以来的依赖致使他们丧失了独立的思考、独立的劳作，最终他们会对于生活产生恐惧，对生活失去信心。

依赖是独立的大敌，想要独立，就要摒弃依赖的人生。作为一个独立的个体，可依赖的东西永远要作为备选项，而不是日常依赖品。

主动与依赖说不

女人都希望依附一个十全十美的丈夫，既能解决金钱上的问题，又不会卷入鸡毛算皮的小事之中，可是更深刻的道理却是：你对这个男人来说只不过是可有可无的产物，离开了他，你什么都不是，而他离开了你，又变成了香饽饽。

如果纯粹想要依附男人，那么现在就可以打消这个念头了，一个成功的男人需要的永远不是一个无用的女人，他们更欣赏独立的女性，特别是在精神上独立的女性。

独立，是靠自己的力量去开辟自己的一片天地，是不依赖于他人，是与旁人不同的生活方式，是谋生，是对理想的美好追求。摒弃依赖，摒弃那些会让我们会变得慵懒，变得逃避责任的襁褓，才是真正的成长。

我们都是独立的个体，是世界上独一无二的个体，是不需要，也不能靠着别人的光辉来成就自己，接济自己的个体。

2018年7月，因为《感谢贫穷》一文爆火的王心仪，以707分的高考成绩进入了北京大学中文系。贫穷，使她不得不提前开始独立，不仅仅是物质需求上的独立，精神上也非常充实。她在文中曾这样写道："物质的匮乏带来的不外是两种结果：一个是精神的极度贫瘠，另一个是精神的极度充盈。"

社会的大条件迫使她不能仅仅靠着依赖而完成学业，但这样反而成就了她，她拒绝了爆红后的各种代言，而选择用勤工俭学的方式来自给自足，因为那个时候的她知道，这样的依赖很有可能使她丧失了独立，丧失了她对于人生的美好追求，丧失了她希望通过自己的双手来实现自己梦想的能力。

我想，这大概就是摒弃依赖，独立自主的力量吧。正是这样的力量，让她成功进入了自己理想的学校，而我也相信，未来的她一定也能完成她的理想。

不管身处何境，依赖都是一把无形的利刃，它会慢慢地将你带入平庸的深渊。因为，"没有独立精神的人，一定依赖别人；依赖别人的人一定怕人；怕人的人一定阿谀谄媚人。"

道理很简单，如果缺乏独立精神，如果要依赖而活，那么你就不得不看别人的脸色行事。如果你都能自己挣钱了，你还会害怕别人说你啃老么？如果你都能独自完成工作了，别人还会对你轻视么？如果你都有自己独立的空间，有自己所追求的东西，我想不会有人会觉得你在虚度年华。

相反，如果你依然靠着父母或者别的人给予你的生活费勉强度日，而不是靠着自己的劳动所得，那么你终究不会被人看得起。或许你过着日出斗金的日子，或许你只是勉强达到了温饱，这些都不重要，你能否被别人重视，取决于你是否独立。

不依赖才能有更高追求

写文章的人都给自己署名，是为了区分自己和他人，是为了表达自己和别人不同的观点，是为了塑造和别人不一样的角色。人生也一样，你不是任何人的复制品，所以你不需要按照别人的意愿来行事，前提是你不依赖别人。

温饱之后，是精神层次的追求，解决了物质上的东西，你在人间的使命才刚刚步入了正规，你需要实现一些东西，一些属于你自己，不同于别人的东西，这就是独立空间。要拥有独立空间，必须要摒弃依赖。

独立空间并不是指超脱于世界上的空间，也不是说要实现伟大的壮举才算是独立空间，独立空间是你价值的体现，你不同与其他人的体现。

你可以是科学家，教师或者园丁等或者高尚或者普通的职业，你可以做和别人相同或者不同的工作，但是要展现出自己的独特，要证明自己的工作价值。但不管是伟大还是平凡，你都得摆脱依赖，自己去创造属于自己的空间，开辟自己的新天地。

只有不依赖别人，才能证明自己的价值，才能证明你在这个世界上的痕迹。如果你过度依赖于老板，总是按照老板的意愿行事，那么你永远只能是一个打工者，而不可能成为老板。你或许会是一个好员工，但是，却不能证明你的价值。生活中的成功者永远不缺，但是能持续成功的人，却很少。

北宋文学家王安石在《伤仲永》一文中写道："彼其受之天也，如此其贤也，不受之人，且为众人；今夫不受之天，固众人，又不受之人，得为众人而已耶?”方仲永从一出生就是一个天才，然而过度消耗他的天分，导致他最后也泯然于众人，仅仅依赖过去获得的小成就，只会使自己的人生过得平凡而又枯燥。

微软曾经最骄傲的地方在于Windows系统，他们坚持认为只要系统做得好，他们将会有数不尽的财富，可是2018年微软的Windows的部门已经“解散”，他们转而发展的方向是人工智能和云计算，并逐步取得转型升级的成功。这告诉我们，以往的成就亦不是值得依赖的产物，因为它不能帮你赢得未来。

依赖——不管是对于别人还是对自己过往的依赖，都是人类的恶习，是阻碍你成功的蜜枣，是沦为平凡的开端。摒弃依赖，摒弃这些让你不能成长的恶习，摒弃这些阻碍你成功的蜜枣，摈弃你追求独立空间的，不能以此为骄傲的依赖。

上帝没有将你出现在这个世界的形态刻画为寄生虫，上帝也没有赐予你依赖的能力，上帝需要的是一个独立的个体，是一个能实现自己价值的个体，他从制造出你来，就没有给过你任何值得依赖的东西。

你想要或者，就需要进食食物和水，你需要食物和水，就需要劳动，就需要独立的去创造。依赖是出现在你生命中的巨大诱惑，选择了这个诱惑，那么你只能成为一个劣质品，一个毫无作用的机器。你既无法获得成就，也无法解决问题，你没有解决问题的能力，你也丧失了成就自己的机会。

依赖，使人混沌度日，使人生活空虚，没有追求，使过往闪闪发光的自己失去了光泽，也为自己的一生画下了一个不完美的句号。摒弃依赖，独立去实现自己想要的物质需求，独立去完成自己的精神理想，才能成就自己的辉煌。

3.5　独立不是自我封闭

独立，是依靠自己的力量生活，是通过劳动换取物质上的享受，是通过性格追求来寻求精神上的愉悦，那么，是否独立就意味着自己独自生活，自我封闭呢?

独立，并不意味着自我封闭，而是一种生活态度，一种不满意依赖的现状，寻求与他人不同人格的生活态度。所以，如果你以为把自己锁在一个狭小的空间里面，自己独自生活那就是所谓的独立，那么你已经偏离了正确的方向。

在独立的观念里面，与人交往，与大自然、与这个世界交往也是一方面，独立应该是不同于别人的生活方式，而不是将自己封闭起来。自我封闭或许是一种你不同于别人的生活方式，也是你对于人生的自我感悟，但是这并不代表你已经独立了。

自我封闭并不能取得精神上的慰藉，而是你不敢面对周围的人，没有勇气面对这个世界而自我封锁、自我逃避的方式。通常封闭的人是因为自己的追求或者自己的生活方式不被周遭的人所认同。懦弱的人选择了自我封闭，而另一部分人选择了独立。

自我封闭是一种逃避

《鲁滨逊漂流记》中的主人公鲁滨逊·克鲁索因为船只失事漂流岛一个孤岛上，他只能凭借自己的头脑和灵巧的双手自力更生，几乎进入了自我封闭状态。

然而，自我封闭并不能支撑他在这个孤岛上生存下去，通过回忆往事，和一只寻求逃离孤岛的办法，才能满足他精神方面的需求。在独自生活了十五年之后，他遇见并救出了野人星期五，通过两个人的不断努力，终于离开了小岛，过上了正常的人的生活。

自我封闭的人将一直自我封闭，他们不被人理解，不被人承认，唯一的办法只有证明自己的生活方式，自己的追求是正确的，这才可以得以解脱。而要达成这一步，这个人必须先走出自我封闭的状态，拥抱真正的独立。

在我第一次创业失败后，我就有一段时间处于自我封闭的状态。我断绝和家人朋友的联系，不断问自己，“我怎么可能失败?”“我哪里做错了?”后来的结果证明，封闭没有帮助我解决问题，真正帮我解决问题的，是走出去多了解、多交流。

2009年时，智能家居还是一个比较新鲜的事物，消费级的人工智能和机器人技术还没有如今这么普及。当时如果我一直封闭我自己，我可能不会那么快意识到这些问题。然后可能还会沿着智能家居之路再来一次，那么最终迎接我的，可能还是一次失败。

自我封闭是人生的大敌，几乎会伴随人们的一生。对每小孩来说，造成自我封闭的原因有很多，包括家庭条件恶劣、性格不合群等。如果家长不注意开导和引导，长期自我封闭的小孩就会受到严重的心理伤害，不利于成长和树立正确的人生观。

成年人的自我封闭主要来源于家庭生活，工作的压力等。他们长期处在巨大的压力和压抑的环境之中，心里承受不住，就想逃离现实，于是形成了自我封闭。对于有的人来说，换份工作或者就能解决问题，或者换个地方继续生活，不过这并不能解决根本性的问题，因为逃离只会陷入另一个自我封闭，成年人需要正视问题，不逃避，从哪里摔倒就在哪里爬起。

而老年人陷入自我封闭，最大的原因往往是孤独，并不是他们不想与外界交流，而是他们很难以外界接触，大多数是一些空巢老人。

通常，一个事业和家庭都美满的人，是不会陷入自我封闭状态的。如果你的人生都无比圆满了，那你还有什么自我封闭的必要呢？但人生不如意者十之八九，困难和压力是难免的，与其自我封闭，不如迎难而上，独立地分析和解决问题。

一些人现实生活过得压抑，以至于只能主动或者被动进入自我封闭的状态。他们往往能正常工作和生活，但却不能正常与人交往，甚至一个人独自隔离起来，与外界没有丝毫的沟通，这也不少独立的表现，应该引起重视。

可是，排除病症，现实中哪一个自我封闭的人不是在现实生活中受挫，才选择了自我封闭呢？但必须意识到，自我封闭是懦弱的表现，是不敢面对生活、缺乏自信的缩影。自我封闭的人看似是独立，实则却是最不能独立的群体。

自我封闭，是对自己的伪装，是保护，是害怕和人交往，是逃避现实，是一种不正常的状态。自我封闭，是对现实的逃避，是缺乏解决问题的勇气和能力，是不能独立的一种体现。这就像是一只失去了翅膀没法展翅飞翔的雄鹰，于人于己都是无益的。

要改变这种状态，唯一的办法，就是治疗好自己的翅膀，这样才能再次展翅翱翔，才能在同类面前抬起头来，才能冲破现实的挑战，迈向更大的成功。

自我封闭不能解决问题

一个人能自我封闭，说明他具备了独立完成物质需求的能力，但是却无法完成精神上的独立，也就意味着他从此将走向一条止步不前的路。毫无疑问，独立可以使人强大，而自我封闭意味着落后。

于国家来说，闭关锁国会导致落后，落后就要挨打。清朝时期，中国实行了“闭关锁国”政策，统治阶级出于短视和保护既得利益的目的，不愿审视国际形势，最终种下恶果，不仅导致中国被列强抢掠蹂躏，也直接导致了当时统治阶级的覆灭，政体更替。

八国联军联合入侵我大中华，可以说最大的缘由便是这“闭关锁国”政策所引起的，如果不是缺乏和外界的沟通，我泱泱大国又怎会受到外界的侵犯。不过因为这次入侵，中国反而觉醒并强大起来了，人们终于意识到“闭关锁国”带来的只能是毁灭，而只有真正的独立才是生存和发展的根本。

圆明园的残壁断垣，今天看起来仍然让人心惊。试想一下，强如一个国家在自我封闭的情况下，都被摧残成那个样子。那么一个人如果自我封闭，后果又能如何呢？

现实生活中，有太多自我封闭的人最终自食苦果。比如在大学时期，我就看到很多大学生沉迷于网络游戏或网络小说，把自己封闭在自己的小世界里，数月或半学期待在电脑前或床铺上，一副完全与世隔绝的模样。最终这些人要么被留级延迟毕业要么被退学，倒在了大学毕业独立成才的前夕，令人唏嘘。

必须明确的是，自我封闭不是独立。自我封闭只能逃避现实问题，却不能解决问题。如果非要说自我封闭也是一种独立的话，那这就是畸形的独立，是没有幸福感，只会长久带来痛苦的独立。

自我封闭像是被包裹起来的伤痕，虽然被紧紧地包裹起来，但是只要一触碰，就会疼痛不已，永远不能愈合。每一个自我封闭的人，都是在隐藏自己的伤疤。他们以为，只要不被人知道，那么自己就不会痛，却不知道，只有治好了伤疤，这样才能活在阳光底下。

在古代，曾经有两个小偷，他们一起去偷东西，有一天失手被抓，结果两个人都被在头上留下了深深地烙印。

一个人选择离开这个地方，因为他以为离开了这个地方就没有人知道他干的事，没有人会知道他曾经是个小偷。结果每当有人遇到他时，总是有人问他头上的烙印是怎么回事，每当这个时候，他只能不断地逃避问题，最终陷入了自我封闭的状态，不敢与人相处，独自生活，最终郁郁而终。

而另一个人却选择留了下来，用自己行为不断去弥补自己犯下的错，多年以后不再有人记得他曾经是个小偷。有人问起他头上的烙印时，他也能磊落地告诉他们这个烙印的事例，但是却没有一个人因为他曾经是小偷而另眼看他，反而是投去赞赏的目光。

我想，这就是对于独立和自我封闭的最好诠释吧，两者看似相同，却是截然不同的两种生活态度，带给人的也是不同的结果和人生体验。

3.6 从接受孤独开始

独立的开始，是接受孤独。物质的独立意味着你要依靠自己的劳作获取物质，精神的独立意味着你要拥有自己的独特的想法和行为。不管是是物质独立还是精神独立，这都意味着你必须接受孤独。

物质独立，意味着你将断掉来自父母等监护人的经济方面的资助；精神独立，意味着你将不能完全按照别人的意志来生活。不按照别人的意志来生活，意味着你必须放弃掉别人对你的资助，这就是孤独，独立的世界意味着你必须接受孤独。

孤独，并不是指自我封闭，不和外界交流，而是一种内心的感觉，这种感觉驱使着你要与众不同。与众不同意味着你是孤独的，而孤独是一条界限，是划分你和别人之间领域，气场的界限。每个独立的人都是孤独的，很多时候不被理解、不被赞同，这都是独立应该承受的。

独立所带来的孤独，也并不是指情感上的空虚、寂寞，而是想法不同于别人产生的隔阂。这种隔阂，正是证明自己实力的屏障；突破了孤独这个屏障，你就能成长为一个成功的人。如果你并没有感同身受的感觉到这种孤独，那么，我想你还没有完全的独立。

真正的独立始于孤独

十年寒窗无人问，一举成名天下知。真正的独立，真正独树一帜的成功，是始于孤独的。

从今天的眼光来看，移动支付打破了固有的支付模式，便利了人们的生活，可以说是一个划时代的创举，但是在1999年之前，马云带着阿里巴巴这个项目走遍大江南北，却受到了很多行业大佬的鄙夷与轻视。这个当初不被看好的项目最终成长为今天的阿里巴巴王国，是因为马云坦然创举接受了这种独立所带来的孤独感，这就是独立所带来的孤独。

独立，始于孤独，要想真正的独立，你必坦然的接受孤独，才能真正的独立。只有独立，才能创造价值。对于每个人而言，独立都是必须的，都是没办法逃避的，而这种独立所带来的孤独感，无论你如何逃避，最后都要面对。既然这样，何不如坦然的接受，接受孤独，然后你会发现孤独并没有想象中的那么困难，也并不是不美好，只不过很多人在面临选择时都选择了犹豫，于是一事无成，混沌度日。

人生的必修课有很多，独立就是其中之一，独立所需要面临的挑战很多，孤独仅仅只是个开始，如果总是纠结于是否开始，那么人生的道路要到何时才能走向成功，在面对孤独时，不能逃避，逃避只会使生活变得糟糕，也不会迎来美好的蜕变。

我想我很难用只言片语去解释这种孤独，具体是什么，但是不可否认的是，每个人都会经历这种孤独。在周恩来写下“为中华之崛起而读书”的时候，在你决定考大学的时候，在你创业的时候……都会迎来这种孤独感。

接受这种孤独，意味着你要面对一系列的难题，如果你想要进入你想去的大学，你就要为了这个目标去独自学习，这个过程没有人能替代你，只有你自己，这是孤独。

你在经过长期坚持努力的学习之后，进入了你想去的大学，学习是孤独的，成功是属于独立的，不能接受孤独，就不会收获成功。创业总会面临很多问题，金钱、人脉、技术等这都需要你去完成，去实现，这是孤独的一条路，如果你不去接受，成功永远不会降临在你的身上。

孤独不可避免，孤独是人生必须要经历的历程，早一点选择，或者晚一点选择，最终你都必须选择。与其逃避，不如面对，逃避不能解决问题，接受孤独却可以，逃避不能实现梦想，面对才是你唯一正确的人生选择。

每一个逃避这种孤独的人都是懦弱的的，每一个经历这种孤独的人都是痛苦的，每一个走出这种孤独的人都是幸福的，什么样的人生，永远只把握在你自己的手中，这就是独立，独自立于这世界，最终成为一个什么样的人，都是你自己的选择。

孤独本身是一场不可或缺的历程，也是人生的一种考验，对成功的考验，曾经有一句话是这么说的：“如果梦想人人都能实现，那么梦想也就不再那么让人珍惜了。”如果人人都能对孤独应对自如，那么成功也就不是那么让人渴望了。每一份成功之前，都曾面临着无数的孤独，只有勇敢地去接受，才能最终成功。

接受孤独才能走向成功

孤独是独立所必须经历的过程，也是不孤独的开始。成功后的马云将自己的移动支付理念贯彻到数十亿人的心中，这时候当初看起来像个笑话的马云的思想和追求变成了大家都认同，都身体力行的东西，这就是孤独的结尾，不孤独。

任正非也是孤独的。在他创办的华为走过最初几年的“代理商”生涯后，他依然决定投入做研发，在一条孤独的道路上做中国第一个吃螃蟹的人。当华为在光网络、微波、无线网络等领域攻克一个个难题之时，任正非和他的华为员工都是孤独的，远远没有今天铺垫盖地的聚关灯。

在经历了无数的孤独之后，等待你的不仅是成功，更是社会的认同，社会对于独立的人从来不吝啬。或许你会说：“如果现在我就开始接受了从前的思想，一直身体的力行的干着，就不需要经历这种孤独，那我何必要去受这样的痛苦呢？”

我承认这个想法是客观存在的，但是，社会不会一直需要这样的存在，为什么？设想一下，如果每个人都按照从前的生活方式行事，而并不独立，不接受孤独，那么社会将变成什么样？从猿猴时期，每个人都坚持着以往的生活方式，那么，现在的文明社会如何繁衍，五光十色的社会又如何得以建立？

接受孤独，不甘于接受命运的支配，是敢于打破常规，推陈出新，是敢想，更敢于去实践。正因为这样，莱特兄弟发明了飞机，爱迪生发明了灯泡，地球人飞出了地球，探索宇宙的奥秘……

这一切，都是从接受孤独开始的，如果不是这些独立的敢于去接受孤独的人，我们将一直维持着古老的生活方式，永远也无法探索宇宙的奥秘，永远只是任人宰割。正是因为这样，我们才一步步发现了宇宙的奥秘和规则，我们不知道是谁创造了这个宇宙，是谁在冥冥之中一直主宰着这一切，是谁制定的这些规则，因此，我们需要去探索，去发现。

大事如此，小事更如此。大家可以回想自己的求学阶段，哪一个学习优秀的同学的优秀成绩，不是用大量孤独的时间换来的？想想你工作后写出的每一个软件，完成的每一个项目，那背后的代码和PPT，哪一个不是大量孤独的时间堆积出来的？

这些行为都意味着你将面临孤独。孤独，源于不被理解，但是在孤独之后，却是认同。相比较之下，孤独只是暂时的，认同才是最终的结果，孤独的最后也会是不孤独，请不要因为眼前的孤独就放弃了自己的想象，因为在经历了这些之后，孤独都将会变得更有意义。

独立，意味着你将接受孤独，正如买东西你需要支付货币一样，这是不变的法则，这个世界上从来不缺少敢去想的人，缺少的是敢于去实践的人，实践需要巨大的勇气，因为这种孤独并不是每一个人都能去承受，所以注定了成功的人永远只是少数，所以理想和成功才变得那么那么耀眼和珍贵。

接受孤独，不是对命运的妥协，而是对命运的抗争，是独立的开始，是发展的前提，是成功的必须，是存世的痕迹。从接受孤独开始，去开始自己真正的独立的人生，去做一个与众不同的人，去改变这个世界的格局和想象，当你做到这些时，你会发现，你从来都不曾孤独。

3.7 独立是一生的修行

独立在人的一生的不同阶段中，都有它独特的意义。在人的一生中，独立都与我们同行，独立是一生的修行。

少年如果缺少独立，则会过度依赖，缺乏解决问题的能力；青年如果缺少独立，则会对人生迷茫，没有方向；老年缺少独立，则会过度孤独，甚至抑郁。独立，在一生的任何一个阶段都不可或缺，用一生的时间去修行，才算是真正的独立。

美国人际关系学大师戴尔·卡耐基对于青少年的独立是这样阐释的：“为了成功地生活，少年人必须学会自立，铲除埋伏各处的障碍，在家庭要教养他，使他具有为人所认可的独立人格。”

也就是说，从少年开始起，就需要学会独立。当然，要求一个在青少年时期就要完成物质独立和精神独立，这似乎不太适用于每个人的身上，但独立对于他们更重要的意义在于家庭和学校对于他们的独立人格培养。

青少年的独立有深远价值

很多人觉得，对于青少年来说，独立显得有些苛刻，这个观点在中国提现的尤为频繁，我想这应该是家庭对于青少年独立的认识过于简单，青少年的独立，对于他们的一生，甚至整个社会而言，都具有非比寻常的价值。

一个在青少年时期就能完成独立的人，更容易为这个社会创造价值。牛顿曾在高中时期就发展出一套新的数学理论——微积分，更为后来的光学和万有引力定律埋下了坚实的铺垫。这个成就不仅是对于青少年，甚至对于整个人类而言都是异常卓越的，青少年的独立，远不止想象中的这么简单与不必要。

事实上，通过绝大多数的成功事例都证明出了一点：青少年时期就拥有独立的人格的人更容易为整个社会创造出巨大的价值，也更能实现自己的理想和追求。青少年的独立，是不容忽视的，是应该得到大多数人的承认和实践的，在对待自己的子女或者学生时，不仅是传授知识，更要教会他们独立，独立人格的培养，对于一个人而言异常重要。

也就是说，独立对于青少年来说，是被动的过程，被动意味着依赖，从这种依赖之中脱离出来，正是青少年必须经历，且最应该经历的过程。使一个人青少年忽然间意识到需要独立，往往伴随着重大变故，致使他们不得不独立，来面对生活。

但是，青少年是目前需要独立的最大的群体，最依赖成性的也是他们。我想这更说明了人们对于青少年独立的认识并不到位，大多数家长还是像母鸡保护小鸡一样对小孩予以无微不至的照顾。这是不对的，我们应该更深入、更重视青少年独立，这队青少年本身，对家庭，对社会都百益而无一害。

成年人的独立是一种必然

成年人只能独立，没有其他选项。如果成年期的你还没有学会独立，那么你已经被这个世界所遗弃，更直接地来说，你已经变成了一个彻头彻尾的没有存在意义的生命。

成年人的独立是对自身、对家庭、对社会的责任，无法逃避，只能去面对。没有独立的成年人是对自己、家庭、社会的不负责，不独立的人是没有创造价值的，甚至丧失了生活之本，继续生活下去甚至只能看别人的脸色。我们虽可以靠父母和亲戚庇佑而成长，依赖兄弟和好友，借交友的扶助，因爱人而得到幸福，但是无论怎样，归根到底人类还是依赖自己。没有独立精神的人，一定依赖别人；依赖别人的人一定怕人；怕人的人一定阿谀谄媚人。

成年人首先需要面对的是生存的问题，为了谋生，他们必须要物质独立，只有这样，才能养活自己，才能在这个世界生存下去，甚至有时候他们需要解决家庭的生计问题，每一个成年人都在奋斗着，为了拥有更好的物质条件，为了让家庭过得更幸福，为了有一个安家的窝……这些，都需要成年人去做，物质独立，对于成年人来说，是一种责任，是只能接受不能拒绝的责任。

或许这种责任在很多时候会是一种负担，是不情愿，但是现实不会允许任何一个成年人去逃避这个责任，身而为人，有所为有所不为，独立是必须而为之，容不得丝毫的妥协。

如果说物质独立对于成年人来说是一种必然，那么精神独立则是一种追求，不仅是为了提升自己，愉悦自己，更是为了在被物质困扰的同时寻求生命的意义。比起物质独立，我认为精神独立对于一个成年人来说，更为重要，物质独立支撑起了你生活的必须品，而精神独立则支撑着你去完成物质独立，甚至是一些其他的东西，正因为这些东西，才支撑你继续活下去，继续面对这个世界。

换一种话说，精神独立对于成年人来说更像是一种使命，人总得搞清楚自己为什么而活着，当然不会是为了随便找份工作，满足生活的必须品这么简单，修行精神独立，让自己的行为变得有了意义，精神独立对于成年人一样不可或缺，是更深的修行。

成年人的独立是一种必选题，而当人步入老年，如果依旧能够独立，那么可以料想到自己的子女会减轻很多的负担，当然老年人独立的目的当然不会是为了减轻年轻人的负担这么简直，直接的意义，而只是独立所带来的附属品。

老年人的独立更显可贵

老年人的身体和大脑都已经陷入了老化状态，或许有想法、有梦想，但是很多时候却无法身体力行，这是一种悲哀，一种没办改变的事实，这时如果还缺少了独立，那么，每天像是木偶一样的生活将会更早结束自己的一生，身心也不会愉悦。

老年人的独立，会让这个群体拥有社交，拥有娱乐，拥有想法，拥有交流，能够独立生活的老人，通常是不会感到烦躁的，而无法独立的老年人，因为没有社交圈，没有可以讨论的人，这样的生活会失去乐趣，会变得让人没有幻想，没有期待，会逐渐丧失掉生活的意义。

没有一个人愿意每天毫无希望的生活着，依赖着别人投食，看别人的脸色行事，最弱势的老年人如果不独立，就会这样。独立对于老年人来说不是放弃来自子女的物资资助，而是应该有自己的喜好，自己的圈子，自己取乐的地方。没有任何一个人可以保持长期二十四小时围着你转，即使有，那不仅是于你无好，更是对于别人的浪费。

你在经历老年，却让年轻人一起陪着你经历着老年的生活，我想这更是对年轻人的不公平，因此，老年人的独立在某种程度上是必须的，是最艰难的修行，更难能可贵。独立，是一生的修行，任何一个时候它都陪伴着你，人这一生，始于独立，也终于独立。

因为独立，因为这个世界需要一点点的改变，于是你诞生了，因为独立，你不得不为这个世界而去奋斗，也因为独立，你即使在放弃这个世界的同时，也必须放弃别人带给你的依赖。人生的每个阶段都需要独立，都需要去修行独立，方式和形式不同，但却从来都不可或缺。

拥抱独立，修行独立，选择独立的一生，或许世界会因为你而改变。

3.8 独立始成人

一个不独立的人，在严格意义上很难算是一个真正的“人”。一个独立的人，应该具备独立生活，独立思考的素质，如果一个人连物质独立，和思想独立都无法具备的话，是无法称之为人的，而是“寄生虫”。

只有“寄生虫”才会一直依附别人而活着，但如果依附的东西没有意义了，它也就失去了存在的价值。任何一件依附品如果没有被依附食物，那么它们将没有意义。就像光鲜亮丽的衣服一样，如果没有人去穿，也只是一堆碎布而已。仅仅依附别的人和物而活着，是没有意义，也没有价值的。

独立始成人，独立才是能够证明你是一个完整的人的基础，不然就是机器，任人宰割和主宰的机器。如果不能独立，你的观点和想法不会有人去认同，当然也不会有人会认为你和他们是同类，你就失去了作为一个“人”的资格。

请记住，独立是一种必须，而不是一种选择。独立的最终目的不是为了区别于人，而是成为一个真正的人。一个独立的人能够创造的事业，能够发挥的作用，能够看到的风景，远飞不独立的人所能比拟。

独立不只是为了区别于人

“自己能做的事情，不要去麻烦别人”。这是雷夫托尔斯泰带给我们的人生感悟，独立的意义也在于此，独立意味着很多事情你要通过自己的力量去完成，而不是依赖别人，如果事事都依赖别人，那自己就没有存在的意义和价值了。

某种意义上，体现自己存在的价值的方法就是独立，使自己独立出来，成为一个独立的个体。人自从出生就已经决定了你将成为一个独立的个体，母亲给你的所有保护和营养都已经结束了，剩下的一切都要靠着自己一步一步去完成。

开始走路，开始学说话，开始学习读书，开始赚钱，这都是我们应该要独立完成的，父母只是给了我们生命的开始，生命的意义将由自己去创造。无论你选择从事任何行业，无论你对这个世界有何种期许，你都只能靠自己，有一天，父母会离我们远去，指望父母照顾自己的一生，这条路显然不太现实。当然，如果等着父母或者亲人离开之后才开始选择独立，那显然也是十分荒诞的。

独立应该是从小就应该养成的一种本质，独立不是一蹴而就，但也不是只有当所有可以依赖的东西消逝之后才开始的。雨果曾说：“我宁愿依靠自己的力量，打开我的前途，而不愿求有力者垂青。”意识到独立的重要意义，并且去实践，这才是我们一生的重要修行。

全心依赖自己，在自己之中拥有一切，如果说这样的人还不幸福，你又能相信谁呢？独立是幸福的，是无比愉悦的一件事，请不要以为它是痛苦的抉择而不选择独立，那是最错误的抉择。选择了独立，或许比依赖别人来得更难一些，但是你所依赖的人一定是独立的，既然你选择依赖一个独立的人，为什么不选择依靠自己的力量去独立呢？

依赖别人，是因为别人给你带来幸福，可见别人是幸福的，依赖别人，不会带给自己幸福，那为什么不选择摒弃这种依赖的关系，自立自主呢？依赖并不会带给人快乐，独立始成人。我们选择去独立，是因为我们最终想要收获幸福，想要成为一个真正的"人"。我们渴望证明自己的价值，希望得到别人的认可，这都是独立才能带来的。

独立方能成为一个真正的人

人的定义是：为能够使用语言、具有复杂的社会组织与科技发展的生物，尤其是他们能够建立团体与机构来达到互相支持与协助的目的。从定义上来看，人是具有独立性的，他的独立性在于区别于其他生物的独立存在，如果说一个人不是独立存在的，那么，又怎样证明你是"人"？

所以，为了证明自己是个人，独立是必不可少的。在这点上，香港巨富李嘉诚的理解很深。

李嘉诚的儿子李泽钜和李泽楷都以优异的成绩在美国斯坦福大学毕业，想在父亲的公司里施展宏图，干一番事业，但李嘉诚果断地拒绝了："我的公司不需要你们！还是你们自己去打江山，让实践证明你们是否合格到我公司来任职。”

于是,兄弟俩去了加拿大,一个搞地产开发，一个去了投资银行，他们克服了难以想象的困难，把公司和银行办得有声有色，成了加拿大商界出类拔萃的人物。

李嘉诚深知独立的重要性，因为他自己也是依靠着独立取得了今天的成就，所以对于他的孩子，他自然不能让他们养成依赖的习惯，独立是使一个人成为真正的“人”的必经之路，没有人可以代替，也没有谁会是你一生的依赖。

人生是没有坦途的，能证明自己是一个真正的“人”，同样不简单。你需要克服物质上的独立，更应该思想独立，这是必经之路，没有其他的选项，无论前路如何坎坷，你都要迈出自己的步伐，并且终生修行。

在这个方面，美国总统罗斯福有同样的理解。他有句名言：“在儿子面前，我不是总统只是父亲。”

罗斯福反对孩子们依靠父母过寄生生活，他让孩子们凭自己的本事自食其力。大儿子詹姆斯20岁去欧洲旅行，临行前买了一匹好马，然后打电报向父亲求援。父亲回电话说：“你和你的马游泳回来吧！”儿子只好卖掉了马，作为路费回家。“二战”打响后，罗斯福的四个儿子都上了前线。父亲病故了，他们还都坚守在自己各自的军舰上，用这种特殊的方式为父亲送行。

可以说，拥有他们俩这样强大的依赖和靠山，他们的子女即使一辈子不努力也会衣食无忧，永远不会缺乏物质条件，但是他们并没有这样做，他们深切地明白只有独立，才是对于子女最好的决定，只有让他们意识到独立的意义，才会给他们的人生带来最大的帮助。

人，是独立的；独立的，才是人。只有独立，才被称之为人。一个人最骄傲的地方并不是他家世如何的显赫，有多大的依仗，而是自己能够物质独立，并且在精神上拥有完全的自由。这是身为一个人最骄傲的一点，而且这种骄傲属于每一个人。因为这种骄傲，不仅能够自己自足，也能够收获别人的认可。

人们总是讨厌“寄生虫”，除了蚕食别人的力量以外，对整个社会来说没有丝毫的贡献。社会造就了你，父母带给你生命，你就应该回报父母，回报社会，而不是去消耗他们的能量，而毫无作为。每个人的存在都应该首先证明自己是个人，才能去实现自己的价值，如果连人都不是了，那所谓的理想和追求更是空谈罢了。

我相信没有一个人生下来的意义就是为了成为一个“寄生虫”的存在，也没有人会为了成为一个“寄生虫”而去努力，人都是为了在实现自己的价值而不断的努力前行的，因为只有这样才能收获幸福和成功，才能配成为一个“人”。

请相信，无论你身处何境地，也不要成为一个只会依赖别人的人，只有依靠自己的力量得来的东西，才会用的心安理得，才会成为让你更快更好的成长，让你见识到这个世界的美丽，而不是作为这个世界的参观者，只能观察着无数的人度过他们的一生。

第四章 忠诚

4.1 忠诚收获无悔一生

人生最遗憾的事情之一，莫过于选择了一条路之后，就无法体验另一条路的风景。正因为如此，很多人在回忆往事的时候总会说，“要是当初我……，也许情况会好很多吧？！”

然而世界上没有后悔药，也没有电影拍摄中的NG（No Good，重来一次），人们必须秉持某种理念或信念去为人处世，才能不陷于频繁的后悔与懊恼之中，收获无悔一生。

经常懊恼或后悔人生的选择，是对自己的严重不信任。对自己不信任，就不能信任他人他事——包括家人和朋友，事业和社会。长此以往，人人自危，信任和忠诚就无从谈起，整个人类社会的运行效率就会走低。

古往今来，忠诚都被视为君子最基本的修为之一。在中国5000年的历史长河中，留下了许许多多赤胆忠心、诚心尽力的优秀故事。在国外，忠诚也被认为是做人做事的基本原则，同样流传着许多可歌可泣的感人瞬间。

笔者复盘总结三十几载的求学、求职和创业之路后发现，忠诚恰好是获得无悔人生的关键品质。在人生的每一个时刻，忠实于自己的选择、诚心面对自己的决定，不动摇、不徘徊，方能不瞻前顾后、顾此失彼。

什么是忠诚？

忠诚作为一个词被广泛应用，同时忠和诚两个字也有其独自完整的意义。忠有忠心、忠实之意，强调心无二心、意无二意。诚是真心、诚意的意思，强调实打实的语言和行为。两者叠加，强化了全心全意、忠贞不二的韵味。

在儒家文化最重要的“人生八德”（孝、悌、忠、信、礼、义、廉、耻），以及“忠恕”（尽心为人、推己及人）等理论中，忠都占据很高地位。东汉著名经古文学家、名将马援之从孙马融曾“对标”《孝敬》，著有《忠经》一书，称“天下至德，莫大乎忠”，将忠视为德行的最高标准。

诚则是另一部儒家文化巨著《大学》里的重要组成部分。在格物、致知、诚意、正心、修身、齐家、治国、平天下的人生“练级”过程中，诚意是相当重要的一部分。意不诚则心不正，心不正则无法齐家治国平天下，干系十分重大。

总之，中国的古人认为，忠诚最本源的涵义就是做人要真心诚意，绝无二心。在我看来，忠诚是一个人在追求真实、勇敢、独立过程中，以及具备真实、勇敢、独立之后，都应该始终坚持的品质。忠诚不是一蹴而就的，需要人生履历去修炼。

做到真实和勇敢之后，人就会独立，成为独立的个体。而一个独立的人，才会是一个忠诚的人。独立使人有自己的判断，有自己的思想，会使人忠诚于一种信仰，不会随波逐流，做到忠诚于自己，忠诚于他人，忠诚于事业及社会，忠诚于民族和国家。可以说，只有具备了忠诚的品质，人才是一个稳定、牢固的人，才是一个值得信赖的人。

在当前社会，忠诚可能被认为是特定人在特定场合需要遵循的品质，而对其他大多数普通人的普通生活来说，忠诚的重要性已经让位于个性爱好、商业利益等。比如在当今的NBA（美国职业男子篮球联盟）就流行这么一句话，“别让忠诚害了你。”

是忠诚不适应时代发展了吗？是忠诚的品质对现代人无足轻重了吗？答案是否定的。世风日下、浮躁喧嚣、道德沦丧的时代，忠诚作为一种古老的优良品质，更应该被提及和重视。只不过，相较古时候的忠诚更多与忠君、忠上等绑定在一起，今天的忠诚已经飞入寻常百姓家，变得更加普适和接地气了。

笔者认为，今天的忠诚的涵义还是要求做人要真心诚意，绝无二心，但具体外延上有较大的变化。今天谈忠诚，我们更应该探讨的是如何忠于自己、忠于家人和朋友，忠于事业及社会。

忠于自己，是追求真实最基本的要求，但也可能是最难的一个开端。因为在当今纷繁复杂的社会里，受多方面因素的影响，一个人在成长过程中很难不被逼迫或受诱惑背离本心、偏离本性，最终自己也不认识自己，甚至活成自己曾经讨厌的模样。

忠于家人和朋友，是人之为（社会）人的必经之路。每一个人都生活在一定的社会关系中，处理好与社会之间的关系，是每一个人一生的必修课。特别是对于与你关系最亲近的家人和朋友，如何与他们相处，将很大程度上决定你是一个什么样的人。

忠于事业和社会，则是为人、处世的延展和升级。今天的社会复杂多变、波诡云谲，但它也是有一桩桩具体的事情组成的，如果每个人能忠于所从事的事业，能够将从事的每一件事循其自身的规律做好，做到从忠于事业到忠于社会，那么这个社会就会更加和谐和可爱。

这其中，忠诚于自己是起步也是关键。忠诚于自己，需要长期忠诚于自己的认识、自己的目标，坚持不懈地付诸努力，才能期望美好的结果发生，进而从忠诚于自己到忠诚于家人和朋友，从忠诚于事业及社会到忠诚于民族和国家，让整个社会因忠诚而获益。

总之，忠诚作为一种古老而优良的品质，对为人处世是益处，任何时候都不会过时。在当今社会，我们尤其应该去探究忠诚的新外延，发现忠诚对于人生真谛的意义。

为什么要忠诚?

在古代，忠诚的背离面是背叛，这是一个非常严重的行为，为所有人不齿。上至大夫，下至匹夫，都对这种行为嗤之以鼻。很多忠义之士流传千古，很多叛变之徒则遗臭万年。

当今社会，背叛已经变成一个不那么让人望而生畏的词汇，甚至很多人每天都在背叛——背叛自己的本心，背叛家人和朋友，背叛事业和社会，俨然把背叛当作一种自我逃避或趋利避害的武器。

殊不知，当背叛成风，人间无信，其实是极大地增加了整个人类社会的运行成本。当人人利益优先，人人无视忠诚，社会就变成了一个多疑而缺爱的社会，身在其中的个人也变成了一个个不忠不诚之人，每一个都似乎带着面具在生活，享受不了这个世界本来和煦的凉风。

不忠于自己的内心，总是随波逐流或投机取巧的人，最终多半会活成他们自己都不认识的人。这样，每当回忆往事的时候，等待他们的将不再是甜蜜而充实的记忆，而是无限的悔恨和患得患失。

不忠于家人和朋友，一个人或许同样会取得物质上的成功，但在社会关系上他就是被抛弃的孤儿。我们当中不乏这样的人，年轻时为了追逐无穷无尽的物质生活，不惜牺牲了家人和朋友的信任，甚至在一些关键时刻拿家人和朋友做交换。最终等待这样一类人的，也将是无尽的孤独与悔恨。

不忠于事业和社会，那么一个人大概率会碌碌无为，成为这个世界最不需要的那一类人。这样的人，一部分是出于逃避心理，每每遇到现实的困难就谋生退意，最终碌碌无为。还有一部分是故意与世界主流价值观相对立，靠标新立异或旁门左道攫取利益，败坏社会风气，暗地发黑心财。这样的人内心也是缥缈虚无的，惶惶不可终日。

可见唯有忠诚，才是于己于人都有益的最佳选择。在人生的每一个阶段，如果一个人基于忠诚做出选择，那么当他回忆往事的时候，就不会后悔没有选择另一条道路。

在人生的每一个时刻，如果每一个人都能够做到忠于家人和朋友，那么当他出人头地时，他才能心安理得，享受内心的平和与安详，而不是充满愧疚和悔恨。

在人生的每一分钟里，如果一个人能够做到忠于事业和社会，那么这个社会终将回报那些踏实而辛勤地耕耘的人——无论是物质还是精神层面。

总之，忠诚可以收获无悔的人生，可以让一个人不再患得患失，可以让人与人之间充满信任，最终提高整个人类社会的运转效率，进而惠及每一个人。道理很简单，当一个系统里大家互相配合、互相信任，各行其道、良性循环，那么这个系统就是高效而健康的，产值和效益就是最大的。

如何做到忠诚？当然，除了做到忠于自己、忠于家人和朋友、终于事业和社会外，还要学会身体力行去推行和维护忠诚，以及和不忠不诚之人划清界限，将忠诚当作一种信仰去贯彻执行。最终，忠诚会回馈每一个虔诚而努力的人，还你一个无悔人生。

4.2 从忠于自己开始

梭罗是一个把思想与行为完美地结为一体的人。梭罗认为，人必须忠于自己，遵从自己的心灵和良知，为此不惜付出一切代价。生命十分宝贵，不应为了谋生而无意义地浪费掉。

怎么才算忠于自己？遵循自己的本心，做自己想做的事情，让自己快乐便是忠于自己么？那么忠于自己本心，一个人不想工作，又怎么对自己负责？对自己负责，苟且生活，又不尊重自己本心?

实则从古至今，许多学者都各执一词，有人认为忠于自己当是为国鞠躬尽瘁死而后已，先天下之忧而忧。也有人认为，忠于自己当是采菊东篱下悠然见南山，不为五斗米折腰。更多人则模棱两可，心中并未给忠诚安置一个重要位置。

可能有人会说，生活就是这样，只有眼前的苟且和未来的苟且，哪有什么诗和远方，何不得过且过？！其实不然，虽然每个人的人生都是短短数十年，但要想人生无悔，就必须从忠于自己开始，而且必须忠于真实的自己，这样才不会在生命的最后时刻回忆往事时患得患失，遗憾连连。

忠于自己是对自己和他人负责

白帝城刘备临终托孤，诸葛亮辅佐后主刘禅治理蜀国的故事，在今天读来依然令人动容。其中诸葛亮本人的忠心不二、矢志不渝，尤其让人称赞和传颂。在他明知不可为而为之的事迹中，我们得以窥见一个绝对忠诚的人的高贵品质。

诸葛亮南征孟获，七擒七纵，平定南方解除了后顾之忧。公元226年，他决定率师北代，以平定中原。北伐开始颇有战果，但最终失利，但是这并没又让他放弃平定中原的目标。回师汉中后，诸葛亮日夜操练部队，筹集军械粮草，准备再战。

直到公元228年，北魏进攻东吴兵败，实力大损，诸葛亮决定趁此良机再度北伐，由此展开一段段惊心动魄且卓有成效的战争故事。在诸葛亮的一生中，为了完成统一大业，诸葛亮六出祁山，竭尽全力指挥作战，终因积劳成疾，卒于五丈原军中。尽管未能完成统一大业，但诸葛亮实践了他的诺言，成为千古绝唱。

每个对自己忠诚的选择都不一样，但是都表现出了对自己忠诚，有的人斤斤计较的自私，有的人无条件伟大奉献。而诸葛亮既完成了对于国家和明主的忠诚，又完成了忠于自己，实现了自己三分天下的抱负。

遵循本心不是为懒惰找借口，也不是为无能铺垫理由，而是为了确定自己的一种生活态度。闲云野鹤悠然自得也好，权力斗争风风火火也罢，都是生活的一种态度。所以，本心是一种让自己得以舒适的态度，而不是让自己越来越糟糕的理由。

忠于自己就是要忠于本心，且能对自己负责。对自己负责，体现在自尊和自信。苏格拉底曾说过，“一个人是否有成就，只有看他是否具有自尊心和自信心两个条件。”自尊并不是说将自己置于最高的态度，藐视一切，以贬低别人来抬高自己的身份，而是拥有一颗蓬勃向上的心。

一个贫苦、残疾但有尊严的人仍然可以生活下去。反之，一个没有尊严的穷人即使有强壮的身子也只能沿街乞讨。究其差别，就在于一个对自己负责，一个对自己不负责。

在电影《当幸福来敲门》中，男主克里斯·加德纳之所以最后成功，是因为他足够的自信，即使在面临实习六个月没有工资且二十多名实习生只能成功一个的情况下，他决定留下来。电影中有一个很重要的细节，加德纳的儿子克里斯托夫很喜欢打篮球，但是加德纳自己却打不好篮球，于是对自己的儿子说，他肯定也打不好，于是可怜的克里斯托夫放弃了篮球。

后来加德纳感觉到自己对儿子太过残忍，于是拿起手中的球对他说："如果你有梦想的话就要去捍卫它，那些一事无成的人想告诉你也成不了大器，如果你有理想的话，就要去努力实现，就这样。"

可见，正是出于对自己和家人的负责，让加德纳一路坚持并终获成功。忠于自己，为自己负责，就会找到出自本心的该走的道路，而不会是开篇提到的放纵自己的歧途。每一个真正忠于自己的人，是绝不会做出荒唐而不切实际的选择的。

忠于自己是对自己有更高的期盼

善良、诚实、勇敢、忠贞都是道德的底线，忠于自己内心的白月光，那是一片波光粼粼的湖面。清澈的倒影中，是内心的慰藉，哪怕今后的日子还会有许多未知的艰难险阻。无论何时，我们都不能丢失心中的净土。

忠于自己，对自己有所期盼。一个人只有自己相信并忠于自己，才有可能赢得一切可能。

在充满了谎言的世界，你是否随波逐流，甚至推波助澜？是在痛苦的挣扎，在窃窃私语的议论或者失败接踵而来中怯懦，怀疑自己，对自己信任呢？

1773年，法国雄心勃勃的青年都想进入炮兵学校，考取该校能取得少尉军衔。这年有180名青年应考，大多是巴黎有财有势的富家子弟，主考官为数学家拉普拉斯。考试开始后，门突然被推开了，只见门口站着一个矮小的农民装束的人，穿着一双笨重的破皮鞋，手里还拿着一根木棒充当扁担。

当知道乡巴佬是来考试时，全场哗然。最后，轮到这个农民上场了，可是出乎意料，乡巴佬神态自若，从容自信，无论多难的题目，他都能有条有理地做出正确回答。主考官喜出望外，立即宣布他为第一名。

这个乡巴佬，就是后来在拿破仑军队里屡建奇功的德鲁奥将军。他忠于自己的军人梦，并为此不断努力，最终活成了自己期盼的样子。

许衡是我国古代杰出的“思想家、教育家和天文历法学家。一年夏天，许衡与很多人一起逃难。在经过河阳时，由于长途跋涉，加之天气炎热，所有人都感到饥渴难耐。

这时，有人突然发现道路附近刚好有一棵大大的梨树，梨树上结满了清甜的梨子。于是，大家都你争我抢地爬上树去摘梨来吃，唯独只有许衡一人，端坐于树下不为所动。

众人觉得奇怪，有人便问许衡：“你为何不去摘个梨来解解渴呢?”许衡回答说：“不是自己的梨，岂能乱摘!”

问的人不禁笑了，说：“现在时局如此之乱，大家都各自逃难，眼前的这棵梨树的主人早就不在这里了，主人不在，你又何必介意?”许衡说;“梨树失去了主人，难道我的心也没有主人吗?”许衡始终没有摘梨。

忠于自己的本性，使得许衡在外人看起来有些迂腐。但许衡对自己显然有所期盼——更高的期盼，这让他终成大才。

“为中华之崛起而读书”，这一激励中华儿女的励志名言，是1911年14岁的周恩来在回答老师提问时说出的。当时他的同学们，有人回答为做大学问家，为知书明礼，有人回答为让妈妈妹妹过上好日子，为光宗耀祖，为挣钱发财……唯有周恩来对自己有更高的期盼。

从小学时立志“为中华之崛起”而读书，到南开学校毕业时与同学们互赠“愿相会于中华腾飞世界时”的留言，到日本留学又回国参加五四运动，再到欧洲勤工俭学又回国投身革命，最终成为中国人民共和国第一任总理，为中华之崛起居功至伟，周恩来用毕生的信念和精力，谱写了一曲脍炙人口的伟大人生交响曲。

左拉曾说，“忠诚是通向荣誉之路。”很多人显然低估了忠诚的这一魔力。纵览中外历史长河不难发现，那些志存高远的伟人，无不将忠诚作为人生座右铭，忠于自己的本心，矢志不渝去追逐。

忠诚是人生的本色，人最可爱的东西，也是忠诚。无论是对自己还是对他人负责，还是对自己有更高的期盼，你都需要从忠于自己开始，做一个忠诚的人。最终你会看到，忠诚所带来的高尚与可敬，将无与伦比。

4.3 忠于家人和朋友

俗话说，在家靠父母，出门靠朋友，家人是斩不断的血缘羁绊，朋友是前行路上的精神种子，忠于家人和朋友，你将获得势不可挡的勇气与信心。

一朝哭啼落地，是父母的生育之恩不能不记，牙牙学语，从爬到跑，家人见证了你生命的开始。世间如果非说一种付出是不求回报，非说一种感情是坚不可摧，唯有亲情可言。

朋友是能够在你哭泣时安慰你，在你委屈时义愤填膺，在你前路迷茫时，拉上你的手给你信心。朋友多了路好走，再伟大的人生，也需要几个朋友相伴。

忠于家人和朋友，是一个人忠于自己建立自身修炼之后迈出社会的重要一步，是“为人处世”中为人的重要组成部分。其中的一些要点和难点，不可不察。

忠于家人不止于孝顺父母

《论语》里讲，没有人会不喜欢自己的父母，而去喜欢一个作乱的人。实际上，以孝治国在中国历朝历代中，占有很高的位置。忠于父母，被普遍认为是忠君的开始。

他们会真正因为你而骄傲，而自豪。家人从未有过对你不利的心，每每想念之处，都是为了让你得以过上更好的生活。哪怕他们担心你会受伤，阻止你去飞翔。或是像雄鹰对待刚出生的小鹰，将它从万丈悬崖丢下，看似保护或是伤害，他们的心里都是为了让你能够茁壮成长。

天下有谁会不爱着自己的孩子，如果有，也许是不被理解。理解你的家人，不要轻易置疑他们，在人与人相互猜测的世界里，如果不用担心后背靠在哪儿安全，唯独是靠在父母身旁。

忠于家人，孝顺父母，尊重兄妹。滴水之恩当涌泉相报，生养之恩更不用说，父母将我们带到这个世界上，他们担任了一个繁重又严肃的工作，将我们养育成人。我们应当积极向上，心中怀揣感恩，正直诚信，不要辱没了他们最后的荣誉。

与兄弟姐妹和睦相处，尊兄爱弟，一家人怡然自得其乐融融，这不仅仅是孝顺父母，也是忠于家人的表现。他们花了无数心血与汗水，编织了日与夜，包含了我们多少错，挽回了我们多少次走偏的道路。

共和国开国元帅陈毅是有名的孝子，他见久别的母亲时心里很激动，上前握住母亲的手，关切地问这问那。过了一会儿，他对母亲说：“娘，我进来的时候，你们把什么东西藏到床底下了？”。

母亲看瞒不过去，只好说出实情。陈毅听了，忙说：“娘，您久病卧床，我不能在您身边伺候，心里非常难过，这裤子应当由我去洗，何必藏着呢。”母亲听了很为难，旁边的人连忙把尿裤拿出，抢着去洗。

陈毅急忙挡住并动情地说：“娘，我小时候，您不知为我洗过多少次尿裤，今天我就是洗上10条尿裤，也报答不了您的养育之恩!”说完，陈毅把尿裤和其它脏衣服都拿去洗得干干净净，母亲欣慰地笑了。

孝顺是忠于父母、忠于家人的一个开始，但真正的忠于家人还远不止于此。忠于家人，还应包括坦诚的相处、良好的沟通，以及对家庭利益的追逐和维护。

忠于家人，我们应该学会在有限的时间里丰满自己的羽翼。用尽自己的一切可能，不辜负家人的付出，让自己成长到能够撑起自己的生活，撑起这个家。

每个人在这个世界都犹如漂浮的负有，一个浪潮打来，不知道明天会漂浮在何处。而家人便是你在这大海上的灯塔，让你寂寞的心中有些慰藉，至少你能够知道，自己所付出努力的一切，都是有所期盼。

忠于你的家人，不要以轻易怀疑他们。人和人之间一旦产生了怀疑，将会产生出更多的矛盾，以及会做出让自己更多后悔的事情。家和万事兴，作为家中的顶梁柱，应该具备去调和、排解矛盾，构建开明、和谐家庭的责任。

总之，家人是所有家庭成员最温暖的港湾，无论你飞多高，行多远，最终都与家庭荣耀一脉相承。一荣俱荣，一损俱损，无论何时，都请将忠于家人、构建和谐家庭放在十分重要的位置。

忠于朋友从明辨朋友开始

忠于朋友，首先要学会辨别你的朋友。俗话说，人以类聚物以群分，所以要学会辨别你的朋友。所谓狐朋狗友，就是一群乌合之众，每天不寻思怎么积极向上，净想着怎么偷鸡摸狗，如此虽然相处起来没有压力，过得十分愉快，可这真的算是朋友么?

有一个年轻人得罪了国王，国王判他死刑。他是个大孝子，在牢狱中，他提出要回家看老母最后一眼。国王同意了，但必须由人代替他。没有人愿意，除了他的好友“银”之外。

银代替他坐了牢，可他没有回来。行刑的那天，银坐在囚车里，天下着大雨。大家正要行刑时，他回来了。国王被这真挚的友情感染了，下令放了他和银，并赏了他们万两黄金。

忠于朋友，你应该审视这个朋友是否值得你交际，是否真的会让你变得更好?朋友这个词不是粗制滥造，不是简简单单两个字拼凑而成，法国作家巴尔扎克曾说，“单独一个人可能灭亡的地方，两个人在一起可能得救。”足见朋友二字的含金量。

忠于朋友，友不在多。高山流水知音难求，人这一生最难寻得也最容易失去的是友情，可是宁缺毋滥，这正是朋友的珍贵之处。损友也有很多意思，字面上意思是损害你的朋友，可发展到如今更多人用“损友”的意思不再是贬义。

我们喜欢称呼我的朋友为“损友”，也可以理解为，当你打打闹闹磕磕碰碰摔伤时，他会搬个小板凳坐在我面前兴致勃勃地磕着瓜子，但当你命悬一线、孤立无援时，他会伸出手适当拉你一把。

有一个发生在孤儿院的故事特别震撼人心。孤儿院遭到了轰炸机的轰炸，死伤许多，其中一个小女孩性命垂危需要输血。

可是在那个无知的时代，大家都以为献血会危及自己的生命，没有一个人表示自己愿意去鲜血。

忽然，一只小手慢慢的举了起来，但是刚刚举到一半却又放下了，好一会儿又举了起来，再也没有放下了！医生终于明白为什么刚才没有人自愿出来献血了，但是她又有一件事不明白了，既然以为献过血之后就要死了，为什么他还自愿出来献血呢？

小男孩回答得很快，不假思索就回答了。回答很简单，只有几个字，但却感动了在场所有的人。他说："因为她是我最好的朋友!"可见朋友不在多，而在于你们之间是否真正做到了忠诚。

忠于朋友，就是绝对的信任。朋友是什么，就是会信任你，支持你，哪怕全世界都在指责你，他也会拍一拍你的肩膀，用他能做到的方式给予你鼓励，告诉你他支持你、信任你。这正是朋友之间那种美好的关系。

马克思和恩格斯的友谊是人类友谊的典范。恩格斯为了"保存最优秀的思想家"，在经济上资助贫困的马克思，使其能专心致力于革命理论的研究。为此他违背自己本来的意愿，到父亲经营的公司中去从事那"鬼商业"的工作。

当《资本论》第一卷付印的时候，马克思给恩格斯写信说："其所以能够如此，我只有感谢你！没有你为我的牺牲，我是决不可能完成三卷书的巨大工作的。我满怀感激的心情拥抱你。"

恩格斯尽管做出了巨大牺牲，但他始终认为，能够同马克思并肩战斗40年，是一生中最大的幸福。马克思与恩格斯之间的这种崇高的革命友谊，正如列宁所赞扬的，它“超过了古人关于友谊的一切最动人的传说”。

忠于家人和朋友，是一个忠诚的人在忠于自己之后迈出的第一步，也是至关重要的一步。一个不能对家人和朋友忠诚的人，注定在更广泛的为人处世中寸步难行。而忠诚于家人和朋友的人，也不会是一个人在战斗，因为当他们把家人和朋友“扛在肩上”的时候，家人和朋友也会给予他们最温暖的支持。

4.4　忠于事业及社会

如果说忠于自己与忠于家人和朋友，对应的是修身和齐家，那么忠于事业及社会就是“治国”“平天下”。只不过这里的“治国”是指治理自己的事业，“平天下”是指实现个人对社会的价值。

忠于事业并不是指一个人一生只从事同一份工作，而是一种坚忍不拔、锲而不舍的职业精神。很多时候，哪怕每天重复着日复一日枯燥的工作，我们也要坚信自己工作的必要性和意义，坚持能够为了达到自己的理想和目标而矢志不渝。

忠于社会，奉献社会，回馈大众，是社会能够良性运转的关键。古时候讲达则兼济天下，讲的就是这个道理。一个人的成就与社会环境息息相关，所谓太平多良相，乱世出英雄，说的都是这个道理。

毛泽东的《纪念白求恩》一文中写过这么一段，“要做一个高尚的人，有道德的人，一个纯粹的人，一个脱离低级趣味的人。”这是毛主席对白求恩的评价，也是他对共产党人的勉励。正是千千万万革命先烈的忠诚奉献，才有了新中国的今天。

忠于事业是人类与生俱来的本能

全国十佳职业道德标兵之一的赵雪芳，身为一名妇产科主任，她的时间表从来没有节假日，上下班之分。哪怕她身患癌症，也一直坚守在自己的岗位，治病救人。她说：“病人的痛苦就是我的痛苦，病人的生命就是我事业的生命。“赵雪芳通过闪光的言行，生动形象地为忠于事业做出了表率。

当今时代，有毅力有觉悟能够对自己的事业能够“从一而终”的人太少了，在不断的跳槽和不断的转换生活职业的现象越来越多的情况下，大多数人不是缺少热忱而是无法专注。注意力被很多东西分散，以至于对于很多情况报以应付的态度，不愿深入研究。

孔子曾说过“执事敬”“修己以敬”等话语，告诫人们一生要有始有终，勤奋刻苦，为了事业尽心尽力；荀子也说过“凡百事之成也，必在敬之”。敬是一种恭谦认真的态度，对待自己的工作，认真负责，专心致志，任劳任怨，精益求精。

从远古时代开始，人类的一生都有着事业的伴随。古时候的男人会打猎，女人会采摘野果。人类只有追寻着这样的过程，不断地进步、探索，才能够赢来文明繁荣的社会。同时，人们所从事的事业必须是有意义的，有造福性的，能够使一个人精神得以升华，甚至带动一群人乃至整个国家的升华。

法国著名作家雨果写的《船长》讲到，哈尔威船长在“诺曼底”号客轮遭到“玛丽”号大轮船猛烈撞击即将沉没的时候，镇定自若指挥六十名乘客和船员有秩序地逃生，自己却屹立在船长岗位上，随着客轮一起沉入深渊，歌颂的正是哈尔威船长忠于职守的崇高精神。

古今中外像哈尔威船长那样忠于职守的人很多很多，非典时期白衣天使不顾个人安危，奋力抢救病人，病人获救了，但不少白衣天使们却躺在了病床上，有的甚至与世长辞了；消防战士为了保护人民和国家财产，不怕牺牲，英勇地冲进大火；勇敢的民警为了正义临危不惧，勇斗歹徒……这些事例无不说明了忠于事业的重要性——有时甚至为此付出生命也在所不惜。

从古自今，凡是在事业上有所成就的人，大多都离不开强烈的责任心和事业心，以及锲而不舍的勤奋努力。当两者相结合，便鲜有不成功的人生。

一颗忠于事业的心，是人类社会最为普遍的奉献精神。它看似平凡，实则伟大，它不仅是个人生存发展的需要，更是社会进步的保证。千百年来，中华民族爱岗敬业的优秀人物层出不穷：

鲁班在生产实践中得到启发，经过反复研究、试验发明了刨子、曲尺、墨斗等工具，是工人立足本职、钻研创新的典范；李时珍遍尝百草、呕心沥血而写成《本草纲目》，是科学家工作严谨认真的体现；周恩来总理“鞠躬尽瘁、死而后已”，是领导干部公而忘私的楷模……时至今日，我们的社会仍不断涌现忠于职守、精益求精的敬业者。

中华五千年文明史中，不同行业、不同年代和不同背景的劳动者们用自己恪尽职守的工作践行了爱岗敬业的精神价值，也正是他们用双手成就了今日中国的繁荣和富强。未来，国家和社会的繁荣发展，更加需要我们每位劳动者继续践行爱岗敬业的时代精神。

请切记，你不只是为薪水而工作。一个人如果只为薪水而工作，没有更高尚的目标，并不是一种好的人生选择。我们应该忠于自己的事业，不断地进行深度研究，从中获取有意义的东西，丰富自己的精神——所作所为不仅为了生存，更为了达到思想的高度。

忠于社会是忠于事业的终极依归

物理学家万克尔·法拉第一生勤奋，对实用电学的三大分支都作了贡献，并在晚年写成《电学的实验研究》，为后人留下宝贵的科学遗产。他希望自己："像蜡烛为人照明那样，有一分热，发一分光，忠诚而踏实地为人类伟大的事业贡献自己的力量。"

社会就像一个大家庭，如果大家集中起来，力往一处使，心往一处想，尽自己可能的出一份力，造福了别人也舒适了自己。一个人就像一只微小的萤火虫，在黑暗中发处的光芒太过有限，而一群这样的萤火虫，能够点亮黑夜，给人照亮前行的道路。

同样的道理，当你照亮别人的时候，别人也在照亮你。汶川大地震发生时，全国都在默哀，大家很快行动起来，以最快速的力量和速度，以微小的力量聚集起来变成了拯救生命带来希望的强而有力的行为。而被救助的人们也因为感受到了来自社会的温暖和力量很快的振作起来，许多人投身进入了奉献之中。忠于社会，将这一份连绵不绝的美好传递下去。

诺贝尔是安全炸药和无烟火药的发明人，他把毕生的精力都用在研制炸药上，研制成功后赢得了大量专利权，积累了许多财富。1896年，诺贝尔逝世前决定把3300万克朗作为基金，用每年的利息，奖励给世界上杰出人物，促进科学文化事业的发展。于是，就有了举世闻名的“诺贝尔奖”的诞生。

诺贝尔在遗嘱中说：“这奖金不论国籍、人种和语言，只发给确实对人类有不可磨灭的贡献的人。”诺贝尔为科学奉献了一生，诺贝尔奖则永远地促进科学文化事业的发展。此后多年，随着一个个诺贝尔奖的颁布，人类社会承载着诺贝尔的守护和期许，不断发展和进步。

每个人来到这个世界都是孤单的，正因为如此大家聚集在了一起，组建成了社会，相互扶持正是这个社会存在的意义，也是大家不约而同聚在一起的理由。有的人一生都在用自己的行动忠于社会，回报社会，甚至不需要任何的汲取，就单纯的付出着，他们的心里有一份美好，有一份期盼，他们用自己的行动影响着，呼唤着大家。在你不知道的角落，也许正有人燃烧着自己，照亮着人类。

达尔文的后半生体弱多病，但他仍然坚持实验和著书。他曾说："对于科学的热心使我忘却，或者赶走了我日常的不适。"1882年4月19日，达尔文病逝。他在自传中写过这样一段话："我曾不断地追随科学，并且把我的一生，献给了科学，我相信我这样倚靠是正确的，所以不会感到悔恨，但使我感到遗憾的是：我没有使人类得到直接的好处。"这些话充分表现了达尔文造福人类的伟大抱负。

忠于你的事业，努力做到回馈社会，懂得奉献的人，永远不是一个平凡的人。伟大不需要轰轰烈烈，只需要做好力所能及的事情，恪尽职守，哪怕是弯腰捡起一个垃圾丢入垃圾桶，都是忠于社会的一种良好表现。

忠于你所生活的社会，忠于你所从事的事业，大家手牵着手，互相扶持，才能够在时光匆匆中感到一丝暖意。你在献出你的爱，而彼岸有人需要你的爱，你的奉献会经过无数的拨专，再次出现在你的面前。

4.5 忠诚的世界没有折扣

勃洛基曾说，"人生最可爱者惟其人之忠诚"。实际上，古今中外，哲人先贤们都把忠诚列为一个人最优秀的品质，奉为人生旅途成长修身的圭臬。可以说，忠诚是人们心目中最神圣的美德。

“忠犬八公”的故事相信很多人都听说过。八公是一条日本的秋田犬，也是东京大学一位教授的宠物。每个工作日的下班时间，八公都会在涩谷车站欢迎主人下车，然后一人一狗一起走路回家。

然而，1925年的一天，大学教授得了脑溢血死亡，八公并不懂主人已死，还是一直在车站等着主人回来。八公在涩谷车站等了九年，最终成为日本人眼中忠诚的典型。在它死后，人们在涩谷车站前面为它竖立了一块雕像，镂刻忠诚的最高意义。

忠不忠看行动，诚不诚看过程，然而现实生活中许多人的忠诚前提是是否顺意——若是顺意则忠，不顺意则怠慢。如此看似忠诚了，可实际上这是一种伪忠诚。真正是忠诚，是没有折扣可言的。

忠诚值得付出一辈子去守护

忠诚，简而言之就是捍卫。为了正义的事业无条件地付出自己的一切。全方位精准打击敌对势力，不遗余力地匡扶正义正气。竭尽全力，肝脑涂地，使命必达。

汉代苏武是绝对忠诚的典范，他在武帝时以中郎将身份持节出使匈奴，匈奴单于骄横，借故扣留了他，并逼使归降，但苏武始终坚贞不屈。汉朝降臣卫律前去相劝，却遭苏武严辞痛斥。卫律回报单于，单于逼降的念头反而更加强烈了，他把苏武囚禁在地窖里，不与饮食。

当时正值严冬，天降大雪，苏武躺在窖中靠吃雪和毡毛维持生命，过了几天居然没有饿死，匈奴以为是神，后又把苏武转移到荒无人烟的北海一带，让他放牧公羊，并说只有公羊产羔才能返回。苏武到了北海，匈奴不给口粮，只得掘野鼠、挖草根充饥，但他每日放牧时仍手持汉节，日夜不离手，随着岁月流逝，节上的穗子全都掉了。

直到汉昭帝始元六年的春天，被扣留19年的苏武才回到汉都长安，昭帝使苏武以最隆重的祭礼拜谒武帝陵庙，拜他为典属国。苏武在匈奴共十九年，出使时年富力强，归来时已是须发皓白，他用时间证明了他不打折扣的忠诚，流传千古。

忠诚重要的第一个原因，只有“忠”和“诚”，才能生发万物，诚为物之始终，不诚则无事无物，这是自然的法则。

翻看历史长河，凡是那些对国家民族付出绝对忠诚的，都在历史上留下了铿锵有力的一笔。而那些首鼠两端，左右逢源的，或许在当时得到了保全或高位，但很难在青史上留下干净的美名。

一些两面三刀的人在表态时候夸夸其谈，表现得十分坚定，誓死拥护，实则心里却是充满了怀疑，以自我为中心，找出一堆的借口躲避问题。这类的行为没有做到绝对的忠诚，因为绝对的忠诚是没有折扣的，哪怕做到了99%也不算绝对的忠诚。

绝对的忠诚是思想和行为的统一，将自己的一切乃至生命都为忠诚付出，不心生埋怨，不讲反话，有作风，有担当，无论是立场还是信仰乃至追求都与忠诚对象一致，这才是没有折扣的忠诚。一旦留下一丝不忠诚的因素，这些因素就会像一滴墨水滴入清水，不再那么纯至干净。

忠诚是不打折扣的言行统一

爱情是人类生命中最美好的感情之一，这是每个人都应该珍惜守护的白月光，需要为此从一而终的忠诚，可现在确是离婚率越来越高，很少有人能够执子之手白头偕老。虽说是自由婚姻，但不断攀升的离婚率所透支的社会信任，已经给这个社会造成了很多问题。

国外有一对夫妇Jack和Phyllis Potter结婚七十多年，不幸的是Phyllis患上老年痴呆症，从2007年开始就一直在一家养老院里生活。忠诚的丈夫每天都来养老院看他的妻子，并给她念从1938年开始写的日记，和她一直混脸熟。而她也像潜意识里认识自己的丈夫一样，常常在他朗读的时候微笑看他。这是一对感情忠诚的最佳典范。

不可否认，在对忠诚上做到绝对的不留折扣不是一件容易的事情，但是我们既然选了要忠诚，就要努力的做到不三心二意。思想的觉悟是行动的驱动，只有觉悟到位，行动自然会自觉。

事实上证明，思想有杂质，掺杂水分就容易见利忘义，身在曹营心在汉，稍有不顺就会埋怨，一旦埋怨就会堆积成为滔天的借口理由，导致不忠不诚。

吕布是三国时期骁勇善战之第一猛将，但他先杀掉了与自己一同起事、情同手足的兄弟朋友，后来又为了争夺貂蝉背信弃义，亲手杀了对自己有知遇之恩的义父董卓。在众叛亲离后，吕布最终落入曹操之手。曹操本是爱才之人，但想到吕布以往的所作所为，实在是毫无忠诚可言，即使能力再强，留在身边也是后患无穷，于是痛下毒手，让其死于乱箭之下。

关羽也是三国时期的一员猛将，本领虽稍次于吕布，但其忠义之名流传于世，为后世人们所尊敬。当关羽陷于曹营，曹操看重关羽的忠义诚信，对其热情款待、再三挽留，但丝毫没有动摇关羽信守承诺、坚守诚信的意志。他没有背叛与兄长刘备、三弟张飞的桃园盟誓，最终回到了兄长刘备的身边。在华容道，为了报恩，他放走了曹操。关羽的忠义不仅是对兄弟，对敌人同样如此，不失为千古忠诚之楷模。

两相对比，高下立判。因为不忠诚，吕布虽为三国第一猛将，却最终死于乱剑。因为忠诚，关羽深得刘备与曹操的赏识和信任，最后虽然也身死乱世，但后代世人感念关羽的忠诚，故大建关帝庙，流传至今。

忠诚是没有折扣，面对是是非非，困难重重，也要坚定立场，迎难而上，全力以赴地主动出击，不等不靠，以及早谋划，抢占先机。而面对错误，又要敢于承担，乐于改正，不应该怨天尤人。

不要总是把忠诚挂在嘴边，而更要付诸行动。很多人事情没来之前胸脯拍的响亮，却迟迟见不到实际的行动，在大是大非面前又支支吾吾含糊其辞，不敢发言；遇到困难便开始畏首畏脑，不敢前行；遇到利益便以自己为重，甚至大打出手，出了问题又开始左右推脱……这样的忠诚，都停留在了表面。

从古至今，历代兵家都将忠诚列为军人必备的素养。对指挥员而言，忠诚更是将德之首。早在春秋时期，兵圣孙武就将忠诚列入战胜敌人的五大要素，要求将帅“进不求名，退不避罪，唯民是保，而利合于主”。《尉缭子》云：“将受命之日忘其家，张军宿野忘其亲，援枹而鼓忘其身。”

三国时，诸葛亮亦有言：“人之忠也，犹鱼之有渊，鱼失水则死，人失忠则凶。故良将守之，志立而名扬。”西方著名军事理论家克劳塞维茨也强调，军人坚守忠诚，要像“站立在海上的岩石一样，经得起海浪的冲击”。

“忠诚敦厚，人之根基也。”无论是忠于自己还是忠于家人和朋友，以及忠于事业和社会，一个人都应该保持绝对的忠诚，言行合一做好力所能及的事，而不是夸夸其谈表里不一，或者意志不坚定随意改弦易辙，失去了人之为人的根基。

4.6　远离不忠不诚之人

忠诚如此重要，称之为立身之本也不为过。可现实生活中，总有人会不忠不诚，他们不但不讲忠诚，而且总会给忠诚的人下套使绊，或者欺负老实人，钻忠厚老实的空子。

由于忠诚的世界没有折扣，所以不要奢望通过原谅他人偶尔的不忠诚而最终会感化对方，以至最终的彻底忠诚。对不忠不诚的人来说，最好的方式就是远离他们，切实让他们感受到失去忠诚的代价。

这不是小题大做，而是明智之举。不忠不诚之人，多半是平日里拍胸脯空口说大话，遇事儿却没担当躲躲闪闪；或平日里唯唯诺诺，关键时候背地里捅一刀。这样的人留在身边，毫无疑问是与狼共舞。

远离不忠不诚之人，既是对自己以及身边奉行忠诚的朋友的负责，也是对迷途之人最好的警示和鞭策。如果一个圈子里出现那么一两个不忠诚之人，那么深受其害的将是圈子里的每一个人。所以，忠诚之士，必须远离不忠不诚之辈。

忠诚应该成为一种普世价值

忠者，德行必须端正，丝毫不懈怠心存尊敬。《说文解字》中讲："忠，敬也，尽心曰忠"。人要做到竭诚尽责就是忠的表现。

《忠经·天地神明章第一》中说："天下至德，莫大乎忠""忠也者，一其心之谓也"。忠是人对是非曲直，对信仰坚守，对情感都做到始终如一，尽心尽力做到负责的美德。

忠是一种品德和行为标准，是一种对人对事应有的准则。忠最初由原来的儒家的伦理范畴而一跃成为重要的政治道德范畴，其含义主要是指对君主忠诚，正如《忠经》所说，"忠能固君臣、安社稷、感天地、动神明，而况人乎，忠兴于身，著于家，成于国，其行一也"。

后来忠的适用范围得到普及，孙中山先生曾说："古时所讲的'忠'，是忠于皇帝……我们在民国之内，照道理上说，还是要尽忠，不忠于君，要忠于国，忠于民，要为四万万人去效忠。为四万万人效忠，比较为一人效忠要高尚得多。"

也就是说，古人的忠是很笼统的，仅仅以忠于皇帝，但是现在对象已经十分广泛，我们对传统美德都古为今用，于忠而言，亦是如此。如此一来，就更要求我们每个人都具备忠诚的品质。

诚是儒家提出的一个重要的伦理学和哲学概念。孟子说：“是故诚者，天之道也；思诚者，人之道也。至诚而不动者，未之有也；不诚，未有能动者也。”只有对人诚信，才能够让人尊重，值得人托付。

诚是诚信和真诚，君子一言既出驷马难追，许诺的事情就一定办到，不说大话不虚与委蛇。诚信是一个道德的基准，不诚信的人犹如大呼狼来了的放羊小孩，在消耗掉人们的信任后终将自食其果。

诚是道德的最高点，是做人的规则。荀子发挥了“诚”的思想，指出它为“政事之本”。他说：“天地为大矣，不诚则不能化万物；圣人为知矣，不诚则不能化万民；父子为亲矣，不诚则疏；君上为尊矣，不诚则卑，夫诚者，君子之所守也，而政事之本也。”

《礼记·中庸》里讲，诚成为礼的核心范畴和人生的最高境界：“唯天下至诚，为能尽其性；能尽其性，则能尽人之性；能尽人之性，则能尽物之性；能尽物之性，则可以赞天地之化育；可以赞天地之化育，则可以与天地参矣。”

有了诚，就可以成人。《大学》把“诚意”作为八条目之一，格物，致知，诚意，正心，修身，齐家，治国，平天下。

由上可见，忠和诚在中国古老的文化传承中，各自有着悠久的历史沉淀。它们合二为一，重要性不言而喻。今时今日，忠诚作为一个词语出现，更应该被作为一种普世价值加以宣传和尊崇，让忠诚之人如鱼得水，不忠不诚之人寸步难行。

忠诚是成就伟大事业的先决条件

孟子说："天道思诚。"大自然只有真实无妄，才能化生万物；人道也应思诚，人只有忠诚才能够团结刻苦，同心协力，成就事业，造福社会。

然而在现实中，不忠不诚之人却似乎总是没有受到应得的惩罚。甚至在很多时候，那些枉顾忠诚之人，反而能够左右逢源，四处钻"忠厚老实"之人的空子，引发不良的社会效应。

不忠不诚的危害，从古至今的案例不在少数。叛徒、告密者，从古至今都被人们深恶痛绝。西湖边上，岳飞岳王庙前的秦桧夫妇跪相，数落着当事人背叛投敌的惨痛下场。书里剧中，"三姓家奴"的标签让吕布这个三国第一猛将徒增凄凉……

今天，当忠诚作为一种普世价值飞入寻常百姓家，普通人背离它虽然不至于被钉在历史的耻辱柱上，但细细探究可发现，从小圈子到大社会，不忠不诚的危害依然十分巨大。比如，不断攀升的出轨离婚率，员工频繁的跳槽……都给社会带来了极坏的负面影响。

反之，那些坚决践行忠诚的组织或企业，则在现代社会环境中获得长足发展，成就伟大事业。

1999年3月，马云回到杭州创业。回去时，当初从杭州跟到北京的6个人一个不少，加上其他人一共18个人。当时马云只给他们3天时间考虑，回去的条件是每月只有500元工资，在加拿大MBA毕业的也一视同仁。

这些人在外经贸部要名有名，要利有利，同时各大互联网公司正好在招兵买马，但他们都跟着马云回到了杭州，大家把各自口袋里的钱掏出来，凑了50万元，开始创办阿里巴巴网站。当时，他们没有办公室，就在马云家的公寓里办公，他们把自己封闭在房间里，每天16-18个小时的埋头苦干。

这期间，也有不少IT精英加入阿里巴巴，其中不少人是为了阿里巴巴的上市而来，但这些人中的大部分没有等到这一天，他们或是在阿里巴巴的冬天逃走了，或是在阿里巴巴大裁员时被裁掉了。苦到尽头了，甜头终于来，2007年11月6日，阿里巴巴在香港上市，“十八罗汉”无一缺席。再后来的2014年9月19日，阿里巴巴又登录美股，成为中国互联网市值最高的公司。

在阿里奇迹中，马云和他的“十八罗汉”以及其他团队中的骨干，他们不是为了上市股份而来，而是为了“做一家伟大的公司”的梦想而至。最终，这18个人没有一个人从阿里巴巴流失，而且大多数都做到了高管。可以说，正是因为“十八罗汉”以及阿里巴巴团队中的其他骨干的忠诚，为了梦想不离不弃，才有了阿里巴巴的互联网帝国。

在中国另一家伟大的科技企业华为公司，也存在着类似的故事，十多位在上世纪八九十年代加入华为的元老级员工，一起带领18万华为人，成就了今天华为在全世界的科技奇迹。今天，包括任正非、余承东在内的元老，仍然在带领华为再攀新高。

马克思和恩格斯互相忠诚，不畏磨难，最终成就了马克思主义。钱钟书和杨绛互相忠诚，历经患难而不离不弃，最终成为文学界最令人羡慕和尊敬的“神仙眷侣”。可见，大到公司组织，小到家庭圈子，都需要忠诚的浇灌，方能结出胜利的果实。

在今天这个浮躁的社会里，坚守忠诚的人或许凤毛麟角，但那就是你要结交的人，那就是你值得为之付出的人。请一定要相信，远离不忠不诚之人会让你轻松愉悦，而亲近忠诚之人最终会让你受益匪浅。

4.7 忠诚是每一个人的信仰

忠肝义胆的忠、忠心耿耿的忠，诚实守信的诚、真诚以待的诚——忠诚，简单的两个字却不简单。忠诚从古自今都是人们的追求，岳飞精忠报国，诸葛亮鞠躬尽瘁，屈原为国投江……忠诚是一种时间不可磨灭的精神。

忠诚是一种信仰，不仅是对自己灵魂的负责，也是对别人负责。忠诚是一种生活态度，让人勇于承担，不畏风雨，势不可挡。忠诚是难得的、宝贵的、稀有的，正因为如此才显得忠诚的可贵。

人可以活得贫穷或富有，可以活得光彩或狼狈，但是人一定要活得忠诚，唯有忠诚是生而为人的根本。一个人做不到对自己忠诚，对家人和朋友忠诚，对事业和社会忠诚，对国家民族忠诚，毫无疑问这是一个失败的人。

在当今这个浮躁的社会，忠诚作为一种古老的优良品质，必须被重拾和推崇，让忠诚成为每一个人的信仰。如果把人类社会看作了一个整体，那么一个忠诚的社会将减少诸多内耗和勾心斗角，身在其中的每一个人都将因此受益。

把忠诚作为一种信仰深入骨髓

“你若想证实你的坚贞，首先证实你的忠诚”，这是伟大的哲学家弥尔顿说过的话。忠诚建立信任，忠诚建立亲密，忠诚需要理解。认真地对待的生活，这是对生活的忠诚。我们的心不可飘渺不定，不能确定自己内心最真诚的信仰。再美的皮囊终会老去，在富裕的生活终会空虚，唯有忠诚得以宽慰。

忠诚的第一步忠于自己，忠于自己的理想，忠于自己的信仰，并为之排除万难，不断努力。哪怕经历风霜雨露，也丝毫不改心中本色。

关羽与刘备失散后，不得已暂时降了曹操。曹操对关羽优礼有加，三日一小宴，五日一大宴，封侯赐爵，但关羽不为所动，最后挂印封金，不辞而别，过五关斩六将，与刘备、张飞相聚，为后人留下“身在曹营心在汉”的将忠诚深入骨髓的信仰典范。

如果说忠于自己，是为了一不因时贪欲而堕落找借口，那么忠于家人是一种承担的负责。你要尽其所能地把你的家庭造成一个生活中心，在这里面，忠诚会被抚养培育期起来。

对家庭忠诚，是对家庭的负责，一个不被忠诚的家庭必然是一个不幸福的家庭。在家庭里，不忠诚往往只会带来负面的效果，从而拆散这个家。一个幸福美满的家庭，必然是家庭成员共同忠诚的结果，每个家庭成员为了家庭的幸福值而倍加努力，只有这样，才能造就一个美满的家庭。

忠于朋友是一种信任。每个人的人生旅途中都少不了朋友的帮助，因为有了朋友，我们变得所向披靡，变得无所不能，因为有了朋友，我们不因为短暂的挫折而迷失自己，因为有了朋友，我们的精神得以充实。

忠于朋友是一种信任，是一种必备的品格，是不可或缺的东西。忠于朋友，更是对自己眼光的审视，对于一个益友的忠诚，能给自己带来无尽的成就，能给自己战胜困难的勇气，能给自己的事业锦上添花，能丰富我们精神上的满足。

忠于事业则是一种奋发向上的勃发之气。忠于自己，忠于事业，才能真正实现自我的价值。对于事业忠诚，体现在我们对于事业的积极性，长期不间断性地保持对于事业的热诚，那你将会成就自己，实现自我的价值。

忠于社会是为了回报。伴随着一声长长的哭啼，我们降临到了这个世间，给予我们生命的是父母，将我们接出来的是医生，使我们成长的是食物，教我们知识的是老师……这一切都源于社会，是社会将我们变成了现在这样，所以，我们要回报社会，感恩社会，忠于社会。

忠于社会，就是尽我们所能地为这个社会贡献我们自己的一份力量，捡起路边的垃圾，资助贫穷苦难的人，积极地在自己的事业上做出成就等等都是我们忠于社会的表现。忠于社会的人才能成长为真正有用的人，忠于社会的人才更容易实现自我的价值。

忠于国家是为了守护。我们在国家的保护和教育下成长，我们亦应该去守护我们的国家，忠于我们的国家。当外敌来临时，要将国家的利益放在个人荣辱之前，甚至面对生死选择的考验，我们都应该毫不犹豫地选择忠于国家。是国家培育了你，造就了你，所以也应当去守护它，捍卫它。

人一辈子对于浩瀚无垠的宇宙眨眼即逝，然而对于生活着的每一天确实漫长曲折，想要生活得充实就需忠诚，唯有忠诚能够安抚人那颗躁动的心。唯有在忠诚的信仰滋润下，人们才能得以幸福。

让忠诚的信仰滋养你我他

“坎坷的道路上可以看出毛驴的耐力，患难的生活中可以看出朋友的忠诚。”东汉时期有一个人名叫荀巨伯的人，用他对朋友的忠诚，滋养了落难的朋友，以及一城一国的人民。

听说在千里之外，曾经给予自己巨大帮助的好友得了重病，荀巨伯赶了十几天的路途，来到了朋友所在群的属地。可是，这个地方已经被敌人团团包围，荀巨伯临危不惧，毅然潜入城中，来到朋友的家。

朋友既高兴，又忧虑，劝解荀巨伯赶紧离开这里，不要为了自己这个将死之人而白白丧失了生命。荀巨伯却没有离开，而是忠诚于自己的朋友，守护在他身旁。敌军的将领破城之后，见到对待友谊如此忠诚的荀巨伯，不由得羞愧难当，当即决定放弃攻城，不再进攻这座国家。

荀巨伯对朋友的忠诚，不仅救回了朋友的性命，甚至救了整个城池，整个国家，也成就了他自己。

“人固有一死，或重于泰山，或轻于鸿毛。”司马迁是优秀的历史学家，历史上第一步纪传体通史《史记》出自他手，这一切，源于他对自己的忠诚。汉武帝天汉二年，司马迁面临死和腐刑的抉择，出于对自己的忠臣，司马迁选择了后者。

当他做出这个决定的时候，就注定了他凄惨人生的开始，不过也因为这个决定，铸就了他一生的辉煌。“史家之绝唱，无韵之离骚。”带着一具不完整的身躯和灵魂，司马迁撰写完了整部《史记》，为后世所歌颂，为后人了解历史立下了不可磨灭的功劳。

忠诚是一种信仰。作为当代人，我们深知信仰是黑暗道路上突然出现的一盏路灯，为过路的人照明方向，即使它飘渺，可它仍然有很大的力量，影响着我们每一个人。人往往有了信仰，会在信仰的驱动下干出很多伟大的事情。

王二小为了忠诚于国家而惨死于敌人的手中，父母为了忠诚于家庭而奋斗在工作之中，教师为了忠诚于教书育人而孜孜不倦地传授知识，园丁为了鲜花盛开而辛勤劳地浇水施肥……信仰可以不同，但是忠诚却完全一致。当忠诚成为一种信仰，其帮助和成就的，不仅仅是自己，更是身边的家人和朋友，事业和社会，国家和民族。

忠诚是一种信仰，每个人不可或缺。忠诚是一种精神的粮食，是一种灵魂的守望，是茫茫戈壁中的一滩绿洲，是冰冷浮沉中的一根救命稻草，带给人无限的希望。唯有将忠诚深入骨髓，变成一种信仰，一个人才是完整的人，一个有益于朋友家人、国家社会的人。

4.8　忠诚得安宁

车水马龙，彻夜通明的城市之中，抑或虫鸣不息，草木成春的乡野田园，何处得安宁？在当今这个喧嚣浮躁的社会，求一方净土变得极为奢侈，其根本原因不在外界环境，而在于我们的内心早已无法平静。

安宁是发自于内心的不拖不欠，是一生的坦坦荡荡。想要如此，需要忠诚。一生忠诚，一生光明磊落的人，内心最是平和而安宁的，因为他们的内心不会患得患失，也不会担心遭受来自背叛的反噬。

歌德说："保持人格不仅靠功劳，也要靠忠诚。"忠诚是根，坚守是魂，有了忠诚，生命之花才能如夏花灿烂，姹紫嫣红。虽不是每个人都能成就一番辉煌的事业，但每个人都应该做到忠诚——忠于自己、忠于朋友、忠于家人、忠于事业、忠于社会，如此你才会打开缤纷多彩的门。

人生的风景，说到底，是心灵的风景。生活的愉悦，不是如何制住别人，而是如何掌控好自己，无论在何种情况下，都能获得心灵上的平和与安宁。

忠诚让人生正直而有意义

美国之父本杰明·富兰克林说过："如果说，生命力使人们前途光明，团体使人们宽容，脚踏实地使人们现实，那么，深厚的忠诚感就会使人生正直而有意义"。

很多公司的创始人都坚信一点，"正直比聪明更重要。"因此你可以发现，随着公司发展壮大，最后留下来的元老高管不一定是最聪明的人，却一定是最正直的人。而他们能够做到正直的原因，正在于忠诚。

忠诚体现于行动，表达于细节。忠诚不仅仅是自己忠贞不二的信仰，为人处世的准绳，忠诚更是黑夜里的一盏明灯，为人照明前行的方向。

雷锋1954年加入中国少年先锋队，他忠于自己的事业和信仰，全心全意地为人民服务，留下了许多可歌可泣的故事，感染后世的每一个人，最终成为了我们这个时代精神文明的同义语、先进文化的表征。

"醉里挑灯看剑，梦回吹角连营。八百里分麾下炙，五十弦翻塞外声，沙场秋点兵"。辛弃疾作为一个武艺高强、驰骋天下、恢复河山的帅才，后来被历史定位为"南宋著名爱国词人"，死后被封谥号"忠敏"。

若非乱世，辛弃疾本可成为一名伟大的诗词人。对国家民族的忠诚，使得他投笔从戎，在抗敌间隙写下"一词半句"。严峻的现实没有改变他的意志，反而成就了他铿锵有力的词句，和他奋起抗敌的决心交相辉映，记录了一段正直而富有意义人生。

挥笔写就《出师表》的诸葛亮，虽然终其一生也没有恢复汉室，但是他的那种忠肝义胆、鞠躬尽瘁的精神，影响了我们的民族，影响着中国的后代子孙。严格意义上讲，他不如曹魏阵营的很多谋士幸福圆满，但他与世长存的精神却让他的人生更加正直而有意义。

不只是古人，忠诚之于现代的人生同样意义重大，因为对于每一个时代、每一个人来说，正直而有意义的人生都是值得努力奋斗去争取的目标。忠诚，正好是达成这一人生夙愿的关键。

小米创始人雷军对年轻人说过一句很有名的话："如果你不是出身富贵人家，此生成就一番事业的唯一机会是选择忠诚和勤奋！"雷军说这句话，既是对青年人的鼓励，也可视为他对自己成功的总结。

在创立小米之前，雷军在金山一干就是十六七年，经常加班加点玩命工作。他先做技术，后做管理，一干就是十几年，一路从员工干到了股东、老板。始终的忠诚让在他四十多岁的"高龄"创办小米时，还能一呼百应找到很多合伙人，一起带领小米走向成功。

现今很多初出大学校门的人，可能不理解雷军作为一个员工为何如此为公司拼命，殊不知正是凭着这份对自己、对事业的忠诚，雷军才能屡获成功，兑现人生的意义。同样，相比他的成功，人们更应该看到他忠诚的那份初心。

同样值得一提的还有雷军的伯乐——求伯君。作为金山软件的老板之一，求伯君不计个人得失，玩命写WPS，最终冲破微软Office的垄断，树立了国产软件的旗帜。当回忆往事时他说，产品就是他的事业信仰，他忠诚的是工作和事业本身。

所以，忠诚是有极大的意义的。无论是对自己忠诚，对家人和朋友忠诚，对事业和社会忠诚，对国家和名族忠诚，不一定说都能取得堪载史册的成功，但都会让人生变得正直而有意义。

忠诚让生命平和而安宁

“岂能尽如人意，但求无愧我心”自古以来为人崇尚，很多名人都引以为座右铭，也常常将此写成条幅悬于室中，以激励自己。可见经历人生拼搏、成败起伏后，很多人最终在复盘人生时，最看重的也是内心的平和与安宁。

人生在世，难免有许多不如意的事情，有人成功有人失败，有人高兴有人愁苦，但唯有忠诚——忠于自己，忠于家人和朋友，忠于事业和社会，忠诚于国家和民族——才能让一个人回忆往事时无怨无悔，达到平和而安宁。

战国时代，在那个百家争鸣，各国人才为了自己的恩怨或者施展抱负纷纷游走他国的年代，屈原始终尽忠于自己的国家，以自己的行为诠释了忠诚的涵义。虽然屈原的生命最终以不被信任而投江自尽告终，但当他写出“众人皆醉我独醒”时，他让自己的人生正直而有意义，收获了内心的平和与安宁。

在经典名著《钢铁是怎样炼成的》一书中，主人公保尔·柯察金那一番总结影响了很多人，他说，“人最宝贵的是生命。生命属于人只有一次。人的一生应当这样度过：当他回首往事的时候，不会因为碌碌无为、虚度年华而悔恨，也不会因为为人卑劣、生活庸俗而愧疚。这样，在临终的时候，他就能够说："我已把自己整个的生命和全部的精力献给了世界上最壮丽的事业——为人类的解放而奋斗。"

柯察金在其短暂的一生中，失去了包括爱情在内的很多东西，也没能享受到奋斗的果实，但他用一席话表明了自己的立场和满足感。如此即便他只度过了三十几载短短人生，但他的忠诚让他无怨无悔，收获了生命的平和与安宁。

对普通人来说，如何获得生命的平和与安宁呢？唯有忠诚——忠诚于你内心的自己，忠诚于你亲爱的家人和朋友，忠诚于你热爱并依赖的事业和社会，忠诚于你亲爱的国家和民族。

人之一生，为生计而忙碌，为感情而纠葛，为世俗而心烦……每每遇到这些，心底都无不渴求生活的平静。但现实的纷繁复杂往往让人难以称心。每当这个时候，就是忠诚需要被唤醒的时刻。

谁都希望能一身平安、顺心如意、朋邻和睦，日子过得宽松、愉快、安宁、祥和。所有这些，处于现代生活，虽难有"采菊东篱下，悠然见南山"的环境，但只要你信仰忠诚，真心诚意、绝无二心去为人处世，那么即使在喧嚣的闹市，你也能收获内心的平和与安宁。

人的一生中，我们会面临无数个选择，而这些选择，会将我们塑造成不同的人。在万千选择之中，我们不可偏离了忠诚，这样无论最后我们是否会成为一个成功的人，是否会成为一个伟大的人，但最终我们都会无悔所做的选择，无悔自己走过的人生，收获一份平和与安宁。

我们需要平和与安宁，在这个喧嚣的社会中，安宁实在来之不易。在自己的一方安宁中，你无所畏惧，无愧于心、无愧于人、无愧于事业和社会，这就是成功。所以，坦然地面对一切吧，无论生活会给我们带来什么，只要属于自己的一方世界是安宁的，那么一生就不会有所悔恨。

对话作者

问：你是怎么发现真实、勇敢、独立、忠诚这八个字对你的人生至关重要，并将它们奉为“八字箴言”的？以及为什么要在当下这个时代提出来并呼吁人们理解并遵从它们？

答：我是根据自己的人生经历发现这八字箴言的。在我三十多年的成长、求学、求职以及创业经营过程中，我从贵州的小山村到现代化大都市上海，再走过欧美日韩等多个国家和地区，其间所见所闻结合自己的成长和发展经历，使我有了一些感悟；经过深度的系统化思考，我把它们总结为真实、勇敢、独立、忠诚八个字，希望结合自身的经历和感受，向千千万万奋斗中的年轻人传达一种正确向上、充满正能量的三观，给千千万万像我一样的普通人加油打气、指点迷津。

我的人生主要经历了三个阶段，从真实到不真实，再到真实。这个转换过程伴随了我的童年、求学、工作和创业阶段。三十几年的经历和感悟最终使我明白，真实是为人处世的基础。

只有做到回归真实，一个人才能开心、快乐，才能勇敢、独立、忠诚，才能取得成功，才能成为真正的人。

在我看来，真实是对自己的接受，对自我的肯定，是在能力范围内做力所能及的事。不真实会产生畏惧、害怕、不自信等心理，进而导致不开心、不快乐，不勇敢、不独立。譬如，可能和很多人一样，我也曾因为不真实而伪装成有钱人家的子弟，去做一些能力范围之外的事，例如与人攀比高消费，不合时宜地想着去结交一些不是一个“圈层”的人，最终弄得自己身心俱疲，也给周边人带去困惑。

另外从整体的社会层面讲，其实保持真实也是最节约成本的。毋庸讳言，当今社会普通人占绝大多数，人们在强大的机构和利益集团已经没有秘密可言。毫不夸张地说，在互联网、大数据等科技手段的作用下，今天你的一言一行都在巨头公司的掌握之下；你的各种基本数据、体貌特征、消费行为……都可以被人廉价地掌握和获得。如此，伪装是没有意义的，伪装会增加生活成本；与其增加成本去伪装，不如降低成本真实地活着。

简言之，只有回归真实，一个人才能更好地认识自己、认识别人，进而认清社会。真实是低成本的、高效的、也是能够让人安全的。想想看，今天有多少人打肿脸充胖子，最终被别有用心的人利用，沦为别人发财致富的工具！例如，很多没有消费能力的大学生和刚出社会的年轻人，就被网络充值游戏、高利贷套路贷等引诱去消费，掉入商家精心设计的陷进，白白浪费掉金钱，更挥霍了大好时光。

一个人只有做到真实之后，才能勇敢地去面对、奋斗，最终达成更好的自己，而不是沿着不真实的、虚妄的岔道沉沦下去。今天谈勇敢，其实不一定是大事的勇敢，更在于日常小事的勇敢，是不逃避、不沉沦，是认清现实、努力上进。

做到真实和勇敢之后，人就会独立，成为独立的个体。而一个独立的人，才会是一个忠诚的人。独立使人有自己的判断，有自己的思想，会使人忠诚于一种信仰，不会随波逐流，做到忠诚于自己，忠诚于他人。可以说，只有具备了忠诚的品质，人才是一个稳定、牢固的人，才是一个值得信赖的人。

而忠诚对自己、他人乃至整个社会的重要行不言而喻。譬如今天的各种假冒伪劣、以次充好、虚假谣言，本质上都是缺乏忠诚所导致的。或者说这些人没有经过真实、勇敢、独立、忠诚的修炼，以至于在财富和利益面前忘了初心，失去了做人之本。

在这个包罗万象、鱼龙混杂的时代，个体该怎么去判断、思考？怎么不走弯路或少走弯路？我相信我的八字箴言能够帮助90%的个体取得好的成长和发展。同时社会由千千万万的个体组成——个体真实，社会才会真实；个体忠诚，社会才会忠诚。我相信如果每一个人都坚守这八字箴言，那么整个社会就会少去很多欺诈、内耗和浪费，从而变得更加高效、快乐、和谐。

问：具体而言，你觉得什么是真实、勇敢、独立和忠诚？

答：如上提到的，我认为真实是对自己的认识，对自己的接受，对自我的肯定，以及在能力范围内做力所能及的事。这里面包含几个需要注意的问题：一是既要有意识，也要有行动，不能只是认识到了不付诸行动。二是要客观认定，不要“心随我动”，比如对自己和他人的评价标准不一，优点和缺点不能一分为二，都会导致虚假的真实。

勇敢是在真实的认识和接受自己后，能够勇敢地迈出脚步，勇敢地面对生活中的各种困难，以及社会上的各种问题和陷进，相信通过努力、奋斗能让自己变得更好，达成心中的目标。我指的勇敢更多是一种积极的生活态度，这种态度不仅能够让人变得更好，也能够让社会变得更好。

独立则是勇敢面对之后，当遇到更多更大的困难时，一个人能够自己去处理问题、解决问题。而且在处理和解决问题过程中，这个人必须有自发的思想和判断，独立的价值观，而不是一个朝三暮四、左摇右摆的状态。

忠诚是一个人在追求真实、勇敢、独立过程中，以及具备真实、勇敢、独立之后，都应该始终坚持的品质。人生在世，最怕的是三天打渔两天晒网，而回归真实、坚持勇敢和独立都不是一蹴而就的，需要长期忠诚于自己的认识、自己的目标，坚持不懈地付诸努力，才能期望美好的结果发生。从忠诚于自己到忠诚于家人和朋友，从忠诚于事业及社会到忠诚于民族和国家，忠诚是一种不容打折的信仰。

问：中国儒家有“修身、齐家、治国、平天下”的个人进阶之路，类比的话，你觉得你的八字箴言要指明什么路径？它们之间的逻辑关系是怎样的？遵循和修炼者有什么好处？

答：“修齐家平”和我讲的八字箴言有本质区别。

首先，时代背景不一样。修身、齐家、治国、平天下理论出现的春秋战国时期是一个一元制的时代，修齐家平几乎是唯一的求名求利之路。今天不一样的，现今是一个多元的时代，机会属于每一个公民。条条大路通罗马，三百六十行，行行出状元。在今天这样一个时代，每一个人只要做到真实、勇敢、独立、忠诚，虽不能说成为达官显贵，但一定能在各行各业取得相应的回报和应得的尊重。

其次，适用的对象不同。修齐家平是针对读书人的，而古代能读书的是少部分人，而这少部分人中能通过修齐家平实现进阶的，又是少数。基本上可以说，在那个时候一个人的出身决定了大部分人生轨迹，绝大多数人进不了这条人生升级的轨道。真实、勇敢、独立、忠诚则适合当今时代的每一个人，千千万万的普罗大众、平头百姓，都能够通过自身的“修炼”而获得成功、收获尊重。今天这个多元而公平的社会，给每一个个体都提供了“升迁”的机会，这使得人们不再需要像过去那样拼命往“衙门”挤，“卖身帝王家”已不再是最优解。

最后，我认为修齐家平是唯心的，具有严重的时代局限性。而真实、勇敢、独立、忠诚是客观的，是可操作的，符合时代大流，也经得起时代的考验。自古以来，在追逐修齐家平之路上，99%的人都失败了。而今天，很多人都能够通过修炼真实、勇敢、独立、忠诚取得成功，小人物也能够实现

“逆袭”。

当然，今天我们看“修齐家平”，应该放到当前社会环境下活学活用。程朱理学在修身、齐家、治国、平天下中谈到的那些好的东西，我们完全可以借鉴，然后活用到我们所在的各行各业，踏踏实实，循序渐进，最终也能够在各行各业做到翘楚。我讲的真实、勇敢、独立、忠诚也是一个循序渐进的过程，必须要做到前一步才有后一步的实现。

问：哲学家对真实有过很多的讨论，很多观点认为遵从内心即为真，所以一些人做出背离客观事实的行为时，会说“这就是真实的我，爱咋咋地”，也就是说真实反而成了一些人自欺欺人的借口或托词，对此你怎么解释?

答：那更多是一种唯心的认识，我讲的真实是唯物的。唯物的真实要求我们去认识客观的事实，接受客观存在的自己、他人和社会环境等，并且要肯定有缺陷的自己和社会环境，明白其中的优势与不足、困难与挑战。在这个基础之上，努力做到自己的为人处事与客观事实相符，才是回归真实的正道。

“遵从内心即为真”“随心所为”反而是不真实的，这种想法严重依赖内心的活动，没有基于客观事物的考量和判断。我不认同这种说法，我认为它是唯心的伪命题。这样的观点只会给自己和周边的人带来灾难。尤其是，如果存这种想法的人处在要职或身居高位，那么他带来的灾难是巨大的。

真实是我所提的真实、勇敢、独立、忠诚八字箴言中的第一步，是至关重要的基础，因此我有必要多讲一些。除了上面讲到的真实必须是唯物的外，大家在回归真实时不仅要认识到真实的自己及环境，更重要的是接受和肯定它。只有真诚的接受及肯定，然后发挥其中的优点，改善其中的不足，才能不断突破自己、成就自己。

今天很多人可以说不缺少认识和反省自己的决心，现实版“三省吾身”每天都在发生，但问题是绝大多数人在清楚认识到之后并没有去接受和肯定真实的自己，并扬善抑恶逐步完善自己，反而是在遇到困难和挫折时选择了放弃和逃避，或者说出于虚伪和不自信等心理，认识到弱点后也不求解决，而是找一些冠冕堂皇的借口来安慰和麻醉自己。这样的“真实”也是半途而废的，是徒劳的。

内心的想法本身是一个多变的东西，没有客观经历的实践和锤炼，一个人内心的想法往往是不现实的、不成熟的、不牢靠的。这样的人说不上“真我”，因为他的内心像变色龙一样，换一个环境换一个场合或许就变色了。因此，只有用丰富的经历去印证内心的思考，才能形成真实的、稳定的想法，才能作为一个人为人处世的法则。

问：勇敢可以说在今天已成为一项稀缺品质，学习、生活和工作的巨大压力，让很多人面对需要勇敢时心有余而力不足，遇事往往选择逃避，久而久之就丢失了“勇敢的心”，对此你认为有什么危害？生命到底应该勇敢地迎难而上，还是与现实世界妥协？

答：今天的人们不勇敢，很大程度上是因为不能做到真实。勇敢的前提必须是真实——真实地认识自己的优缺点、接受和肯定自己的优缺点，进而认识真实的客观环境，然后才会产生勇敢的动力。如果整天活在虚无缥缈之中，那勇敢将无从谈起，或者产生错位的勇敢，那就成了莽夫或与社会脱节的人。

如上所说，我谈到的勇敢其实不一定是大事的勇敢，更在于日常小事的勇敢，是不逃避、不沉沦，是认清现实、努力上进。因为一点点的勇敢、一步步的勇敢，是几乎所有人都能够做到的，每一个人都可以在真实的认识之后勇敢地做出应对之策。不积跬步，无以至千里，日常里的一个个小勇敢，最终会把你变成勇敢果决的人。

不勇敢的危害是显而易见的。对个体来说，不勇敢意味着你无法战胜生活中的大小困难，无法取得事业和人生的成功，也就无法看到别人能看到的别样风景。最现实的危害可能是，假如你是一个男生，不勇敢你可能连女朋友都交不到，因为男生比女生更需要主动表白，而表白是一件非常考验勇气的事。

对社会和国家来说，失去勇敢是致命的。古时候，无论是侵略还是反侵略，只有勇敢的民族得以生存，怯懦的则会沦为待宰羔羊。在当前纷繁复杂的国际社会环境下，无论是战争的、外交的还是经济的、金融的手段，失去勇敢、没有血性的国家都是帝国主义资本家最爱的吸血对象。

因此，在我的字典里面，没有所谓的向现实世界妥协，只有回归真实后的勇敢做自己。社会由千千万万的个体组成，只有个体勇敢了，社会和国家才会勇敢。按照我发现的这套真实、勇敢、独立、忠诚的修炼路径，每一个人都可以做到勇敢，都能成为有助于社会和国家勇敢的人——只要他们敢于认识和接受真实的自己。

问：独立一般认为分为物质独立和精神独立两个层面，你如何看待这两者的逻辑关系？另外今天的世界日新月异，你经常往返与欧美日韩，在物质和精神层面，就你所见中外的年轻人有哪些差异？我们需要做哪些提升？

答：也许有人会说，物质独立和精神独立毫无关系，一贫如洗的人也有可能具备崇高的精神品质，很多伟人也是在一无所有的时候就萌生伟大想法并最终开创伟业的。我不否认这种看法，但也必须指出的是，对大多数普罗大众来说，精神独立和物质独立的确是分不开的。

要讲这两者的逻辑关系，可能很多人认为物质独立是精神独立的基础，没有物质哪来精神？按统计学来说这有一定的道理，但换个角度思考，那些一无所有时就志存高远的先贤伟人，不正是用精神独立创造物质独立的绝佳案例吗？所以在我发现的真实、勇敢、独立、忠诚修炼路径中，我认为精神独立能够创造更大的物质独立，最终成为高度独立的个体。

为什么这么说呢？我上面提到独立是一个人遇到困难时能够独立自主去去处理和解决问题，而且在处理和解决问题过程中要发挥自己的思想和判断，而不是随波逐流，可见思想在指导行动过程中的重要性。这里的思想是精神层面的东西，独立的思想和判断，正是独立精神之体现。而思想的价值，一旦兑现将不可估量。

工作需要我经常出国，见到了不少国家和地区的人。必须明确的是，现如今你很难用统一或简单的标签去定义或描述哪个国家的青年的生活状态了。当然，有一些客观规律大家要看到和理解。比如物质独立于精神独立，国外一些国家的教育方式和我们大不相同，它们的更利于从小培养孩子的物质独立和精神独立能力，而我们更讲究家庭、家族的团体利益。这就导致在一定时间段两边的独立程度不在一个层面。这是客观存在的，我们要真实的看到。

总体来看，我认为哪个国家都有积极上进的青年，也都有消极颓废的青年，大家不要轻信网络报道去轻易评判一个人或一个国家，而应该以真实的态度去思考和求证，时间充裕和财务许可的情况下，最好自己出去走一走看一看。最终你会发现，这个世界是多元的、融合的，各自有各自的优缺点，大家你追我赶，在互相学习、互相提升。

问：在今天这个商业至上、肉欲横流的世界里，忠诚可能是最容易被忽视的一项品质了，你为什么要着重强调忠诚？你所指的忠诚到底是什么？

答：实际上今天谈忠诚、表忠心的氛围依然很浓，不过我认为很多都是掩耳盗铃、自欺欺人的伪忠诚。我不认可今天的很多所谓的忠诚，因为它是舍本逐末的，不是源自内心的真正的诚心诚意。实际上，要做到忠诚非常不简单，因而忠诚也不会脱口而出。

举个简单的例子，一个人只能扛起100斤的东西，然后他信誓旦旦地表态说可以为你扛起200斤的重担，你认为他忠诚吗？很显然，这是表面文章，不是真正的忠诚。这里的关键在于，忠诚必须首先是对自己忠诚，必须自己先做到真实、勇敢和独立，因为只有一个真实、勇敢和独立的人，才有可能实事求是地判断和执行，才是一个牢固和可靠之人，才能谈忠诚。离开了真实、勇敢和独立，忠诚就无从谈起。

道理很简单，忠诚于自己的人，才能忠诚于他人，忠诚于家人和朋友，忠诚于事业和社会，忠诚于民族和国家。历史上有太多朝秦暮楚、三心二意的人，他们有的虽然留下一下事迹被记忆和传颂，但本质上那是自欺欺人、掩耳盗铃的伪忠诚，经不起恒久的考验。

更进一步讲，空谈忠诚的人其实是骗子。他们自欺欺人，骗了自己再骗别人，有甚者更是欺世盗名。之所以发生这样的现象，一切的源头都出在他们自己不真实，不真实就不会勇敢去面对，不勇敢就不会成为一个独立的人——而必须靠依赖或欺骗他人去达成自己的目的。

骗子的世界，每一个人都是受害者，没一个可以置身事外。所以在我的真实、勇敢、独立、忠诚这八字箴言中，我把忠诚作为最高目标，呼吁大家从真我做起，忠诚于自己，忠诚于他人，忠诚于家人和朋友，忠诚于事业和社会，忠诚于民族和国家，最终达到个人与社会的平和与安宁。

问：你说到一个人因真实而勇敢，因勇敢而独立，因独立而忠诚，能讲一讲你在自己的求学、求职与创业过程中的一些相关的真实案例，来说明你在某个瞬间的领悟吗？

答：其实这是一个漫长的认知过程，不是某个瞬间的领悟，不像佛家的顿悟那么简单和戏剧化。我对真实、勇敢、独立、忠诚的领悟，是无数的细小事件累计、无数的思考和总结而形成的，是一个自然而然、水到渠成的过程。

比如对于至关重要的真实二字，我过往的人生就经历了从真实到不真实，再到真实的一个曲折复杂的过程，其间充满各种各样的煎熬和痛苦，反省与沉思。从贵州的小山村到魔都大上海，在求学和创业路上我都经历过真实与不真实的反复较量。例如我第一次创业失败后我无法接受失败，低价去买贴牌的名牌服装来伪装自己，在家人和朋友面前隐瞒事实……但那样的态度并不能帮助我走出阴霾，重新取得成功，所以后来我痛定思痛，回归真实复盘自己的能力和资源，重新出发，方才有了第二次创业的小小成功，然后才能逐步壮大事业。

再比如对忠诚的理解，我在第二份事业——也就是做国际贸易过程中，见多了形形色色的供应商和客户，也曾因为轻信“伙伴”而被骗上百万，因而我对不忠不诚之人深恶痛绝。但回过头看，我发现在我所在的行业，那些真正能将生意做大做强的，无不保持了极好的忠诚，不忘初心做好产品、服务好客户；而那些弄虚作假、以次充好甚至忽悠骗人的“老板”，绝大部分已经烟消云散。

不可否认的是，现如今各行各业的生意场上还存在很多不忠不诚的人，他们或假冒伪劣，或以次充好，或张罗骗局，或粉饰数据……天天喊着“回归初心”，却从来没有过“初心”，或者没有审视过初心的对错。这些都很正常，改变它们需要时间，也是一个漫长的过程。

因此，正因为我发现我对真实、勇敢、独立、忠诚的领悟不是一蹴而就的，而且背后付出了心血和代价，所以我觉得有必要把我的所思所想分享出来，把一些自然而然的道理分享给大家，帮助大家少走弯路，或者说在遭遇挫折时能够保持定力、从容面对。我认为这既是个人之福，也是社会之福。

问：你是企业家，也是创业者，应该了解现今社会流行一种实用主义思潮，所以各种教人一夜暴富的创业经被奉为圭臬，成功人士的书籍也霸占书店的显要位置，这个节点你不传授创业点子，而是呼吁人们修身修心，缘由何在？

答：实用主义或者说现实主义没有错，向“钱”看也不丢脸，我们应该反思的是各种人造的风口或风潮。运动式的赶鸭子上架，并不见得能取得普遍的成功，反而可能是一地鸡毛。

像你提到的各种创业经书籍霸占书店门面的事，我在各机场也经常看到。这里面要分几种情况去看待：

一类是是写书传道的人的确有过创业成功、发财致富的经验，然后他们想分享经历影响和造福一部分人；一部分是自己毫无创业经营经验，仅凭东拉西扯、东拼西凑攒出来一些创业“圣经”，以达到他们特定的目的；还有一部分是人家取得成功了，第三方写作者去蹭热点撰写的书籍，比如写马云、马化腾的书籍就很多，里面的很多事迹可能主人翁自己都不知道。

没有具体到哪一本书所以我不能下结论去品评真假好坏，但我要强调的是，不管真真假假，别人的故事始终是别人的故事，如果作为读者的你不能认识到真实的自己，没有自己独立的分辨和思考能力，轻信一夜暴富的谎言，盲从于创业致富，那么你就容易陷入别人为你设下的陷进——不管对方是有意还是无意，但他们不会对你真正负责。别人的故事可能是故事，但你的故事多半就是事故了。

毋庸讳言，一夜暴富属于特定时代，特定的人群，不是每一个人都可以效仿和复制的。特别是在今天这个大环境，一夜暴富基本已经不合适拿来作为梦想或目标。在当今这个竞争充分激烈、信息高度透明的时代，基本上不存在一夜暴富的可能性。尤其是无背景无根基的普通人，去追逐一夜暴富更是不可能。按照我的真实、勇敢、独立、忠诚的八字箴言，我认为不结合自身实际情况而盲从于一夜暴富或创业致富，都是一种不真实的表现。

我是创业者，但我不轻易鼓励别人去创业，因为创业要根据个人的特点和条件而定。只有一个人在真实地认识到自己的长处和短处并真正接受它们，敢于勇敢地去面对和克服困难，独立处理各种问题，那么才能正确地决定自己要不要创业。而且，创业只是人生旅途其中的一条路，一种生活和生存方式；创业和创富没有必然的关系，并不是唯一的出路。能够做到真实、勇敢、独立、忠诚的人，即便是不创业，也能够取得成功美满的人生。

实际上对90%以上的人来说，都只是普普通通的人，可能并不具备创业致富的条件，甚至终其一生也可能做不到C-Level的职业经理人。但那又怎样的呢？能力越大责任越大，位置越高的人越是疲于奔命，不是每个人都要违背自己的本性、费尽九牛二虎之力去追逐那些看上去很美好、实际上却是个麻烦的东西。实际上，我没见过那个成功的创业者是别人教出来的，也没见过哪个CEO的成功源自培训——他们一定是靠自己的真实实践一步步打拼成功的。

因此，年轻人尤其对社会风潮要保持清醒，不要被浮躁的言论影响，更不要掉进别人不负责任的陷进，而应该踏踏实实地按照真实、勇敢、独立、忠诚的路径修炼自己，打好基本功，积小胜为大胜，最终你会发现无论是事业还是生活，都会自然而然的水到渠成。

问：韩愈在《师说》中说“闻道有先后，术业有专攻”，你觉得你以30出头的年纪悟到的上述八字箴言，适合不同行业不同领域的人去遵循与修炼吗？就好比你的独特人生经历形成了你的八字箴言，那么是否每一个人都应该有自己独特的八字箴言呢？

答：这句话反映的其实就是自然规律，它的意思是人们了解道理有先有后，技能和学业也各有专长。所以说，悟道与年龄无关，而是达者为先。在我看来，悟道或者说懂得某个道理，与三个方面相关：

第一是“慧根”。慧根就是通常讲的智慧，其实就是思考能力，包括思考的敏捷度、强度和深度等。在我三十多年的成长、求学、求职以及创业经营过程中，我自认为还是具备一定的慧根的。从贵州遵义的小山村到国际化大都市再到全世界和外国人做生意，我认为我的慧根还是合格的。

第二是经历。徐霞客说，“读万卷书不如行万里路”，其实讲的就是实践经历对于人生修炼的重要性。求学阶段的刻苦与奋斗，创业阶段的艰辛与拼搏，与中外客户的交流和谈判……让我在这个年龄上就经历了常人可能一生都不会经历到的东西，这使得我能够将理论联系实践不断打磨，最终发现真实、勇敢、独立、忠诚这八字箴言。

第三还要有分享精神。很多做实体行业的企业家不愿意分享，要么是有不能说的秘密，要么就是怕先进理念被人学习，那么最终他们的观点或理念就没能够被记录下来。我对此完全持开放态度，我认为这既是我总结自我的机会，也希望我的感悟能被的人知道和理解，帮助到更多的人。

我发现真实、勇敢、独立、忠诚八字箴言的过程，也是一个自然而然的过程，是我在多年的求学、求职、创业和生活的人生经验及感悟之后而发现的，同时这八个字本身也是客观存在的自然规律，我只是发现它们并理解了其对于当下个人及社会的意义，以及几个关键词内在的逻辑和一些我总结的重要的修炼方法。这里要感谢先天和后天赐予我“慧根”，现实生活给予我经历，以及社会现状激发了我骨子里的分享精神，所以才有本书的面世。

必须再次强调的是，我是根据我的思考和经历发现真实、勇敢、独立、忠诚这八字箴言的，但并不是说我独特的经历形成了这八字箴言。因此，我所讲的真实、勇敢、独立、忠诚具有客观性、普适性，任何人都可以遵循和修炼它，从而变得更加真实、勇敢、独立和忠诚，最终成为一个真诚的人，一个快乐的人，一个对家人和朋友，对事业和社会，对国家和民族都更有益的人。

我坚信，当每一个个体都变得真实、勇敢、独立和忠诚，那么每一个人都将有机会成就更高效的人生、激荡澎湃的生命、浇筑起自由的心灵、收获无悔的一生。那时，我们所处的这个世界也必将变得更加高效而和谐，平和与安宁。

愿与读者诸君共勉！